每天读点
青春期心理学

刘俊 陈健 席秀梅 / 编著

中国纺织出版社有限公司

内 容 提 要

青春期的孩子叛逆，青春期的孩子不好管，这几乎是所有父母焦虑的问题。然而，对孩子来说，父母依然是他们最值得信任的引路人，只要父母深谙青春期心理学，就可以走入孩子的内心，陪伴他们度过煎熬的青春期。

本书列举了青春期孩子诸多的问题，如叛逆、情绪、挫折、社交等，以丰富生动的案例分析，总结出孩子在这一阶段所呈现的心理规律，给正在焦虑的父母一些中肯的指导意见。

图书在版编目（CIP）数据

每天读点青春期心理学 / 刘俊，陈健，席秀梅编著. --北京：中国纺织出版社有限公司，2020.1（2020.12重印）
ISBN 978-7-5180-6876-0

Ⅰ.①每… Ⅱ.①刘… ②陈… ③席… Ⅲ.①青少年心理学—通俗读物 Ⅳ.①B844.2-49

中国版本图书馆CIP数据核字（2019）第229702号

责任编辑：郝珊珊　　责任校对：王花妮　　责任印制：储志伟

中国纺织出版社有限公司出版发行
地址：北京市朝阳区百子湾东里A407号楼　邮政编码：100124
销售电话：010—67004422　传真：010—87155801
http://www.c-textilep.com
中国纺织出版社天猫旗舰店
官方微博http://weibo.com/2119887771
北京市密东印刷有限公司印刷　各地新华书店经销
2020年1月第1版　2020年12月第3次印刷
开本：880×1230　1/32　印张：6.5
字数：118千字　定价：39.80元

凡购本书，如有缺页、倒页、脱页，由本社图书营销中心调换

前言

青春期是个体由儿童向成年人过渡的时期，其区分的界限是性的成熟。在这一阶段，随着孩子年龄的增长，生活范围和活动内容逐渐复杂化，他们呈现出与儿童不一样的特点，慢慢有了一定的特定意向和责任感，并会自己决定某些活动怎么进行。虽然渴望独立，但还没有完全独立，在许多方面还需要依赖父母。青春期的孩子是社会学上所说的边缘人，其地位的不确定性和社会向他们提出要求的不确定性，使他们产生了许多特殊的心理问题。

青春期是孩子身心变化最快速而明显的时期，在这个时期，孩子的身体、外貌、行为模式、自我意识、交往与情绪特点、人生观等，完全脱离了儿童的特征逐渐成熟起来，更为接近成年人。这些身心的快速变化，会使青春期孩子产生困扰、自卑、不安、焦虑等心理问题，甚至产生不良行为。其实，青春期孩子的身心变化都是有规律可循的，父母如果能够读一些青春心理学，就可以做好孩子的引路人，陪伴孩子顺利度过敏感的青春期。

青春期的孩子开始慢慢远离父母，情绪容易激动，对父母总是一副爱理不理的样子，想要独立，却做不好任何事情，又听不进父母的意见，这使父母操碎了心却又感觉没有办法。如何才能与孩子顺畅沟通？父母首先要接纳孩子身心的一系列变化，注意与孩子相处的模式，别总是站在父母的高度去训斥孩子，不妨蹲下来和孩子成为朋友，好好地跟孩子聊天，拉近亲子之间的距离，这样才可以更好地为孩子做教育和引导。大部分父母总以高高在上的姿态和孩子沟通，这样是不妥当的，别总有一种"我给了你一切，所以你必须听我的"的想法，这样只会激化父母与孩子之间的矛盾，也根本起不到教育和引导的作用。

青春期孩子总是憧憬成熟又留恋童年，追求完美又总有缺憾，拒绝说教又渴望帮助。在孩子成长的道路上，父母是孩子的良师益友，孩子是父母的贴心宝贝，父母对青春期孩子应少讲大道理，多关注他们的身心发展，给予他们足够的爱和尊重。

编著者

2019年10月

目录

第1章　青春谜题，少年维特之烦恼 ……………… 001

　　渴望脱离父母，喜欢独立成长 …………… 002

　　青春期的孩子需要被理解 ………………… 007

　　青春期孩子的隐私希望得到尊重 ………… 011

　　别对青春期孩子唠叨 ……………………… 016

　　青春期孩子脾气越来越大 ………………… 019

第2章　叛逆心理，拯救孩子迷茫的青春 ………… 023

　　青春期是孩子的第二次断乳期 …………… 024

　　叛逆就是专门与父母作对 ………………… 028

　　青春期孩子喜欢与父母吵架 ……………… 032

　　青春期孩子的对抗情绪 …………………… 036

　　渴望摆脱父母的管束 ……………………… 040

第3章　情绪心理，引导孩子面向阳光 ……………… 045

青春期孩子情绪容易低落 ……………………… 046

解码青春期抑郁症 ……………………………… 050

性情大变的青春期孩子 ………………………… 053

青春期孩子敏感又自卑 ………………………… 056

别人的优秀不是一种错误 ……………………… 059

第4章　生理困惑，让孩子正视身心变化 ……………… 065

和孩子开展关于性知识的对话 ………………… 066

教给孩子一些正确的避孕常识 ………………… 070

女孩子的第一次初潮 …………………………… 073

教育孩子自我防范性侵害 ……………………… 076

让青春期孩子正确认识性幻想 ………………… 081

第5章　挫折教育，读懂孩子的脆弱 …………………… 085

青春期是一个破茧成蝶的过程 ………………… 086

青春期孩子所面临的逆境 ……………………… 089

面对考试失利，如何调整心态 ………………… 093

目录

引导孩子合理排解青春期压力 …………………… 098

孩子失恋了，父母如何引导 ……………………… 102

第6章　社交心理，让孩子赢在好人缘 …………… 105

让孩子远离青春期社交恐惧 ……………………… 106

关注孩子的性格及内心变化 ……………………… 109

别干涉孩子交朋友的权利 ………………………… 112

孩子突然多了"社会朋友" ……………………… 115

青春期孩子热衷异性交往 ………………………… 119

第7章　沟通心理，关注孩子的内心世界 ………… 123

换个角度看待自己的孩子 ………………………… 124

读懂孩子的烦恼与快乐 …………………………… 127

别一味对孩子进行"灌输式教育" ……………… 132

你对孩子的了解存在偏差 ………………………… 135

把正能量传递给孩子 ……………………………… 139

第8章　早恋心理，善待孩子稚嫩的爱 143

孩子的青春期三部曲 144
青春期孩子易患钟情妄想症 147
及时给孩子打好"早恋"预防针 150
引导孩子正确处理异性的追求 153
别粗暴地摧毁孩子爱的幻想 156

第9章　心理欲望，谁的青春不张扬 161

孩子爱美没有错，父母可以这样引导 162
别轻易嘲笑孩子的偶像 165
那些陪伴孩子青春期的摇滚乐 168
引导孩子正确对待偶像 171
青春期孩子喜欢与众不同 175

第10章　网络心理，帮助孩子找回注意力 179

青春期孩子容易网络成瘾 180
妙招应对陷入网恋的孩子 183
引导孩子远离网络游戏 186

戒掉网瘾，不妨转移孩子注意力 …………… 189

别让孩子在网络世界越陷越深 …………… 192

帮助上网成瘾的孩子远离网络 …………… 195

参考文献 …………………………………… 198

第1章
青春谜题，少年维特之烦恼

　　青春是一个多么令人迷恋的字眼，当人们进入暮年之后，总会回忆起自己的青春。然而，青春又是夹杂着淡淡苦涩的，少男少女在青春期由童年的稚嫩一步步迈向成熟的大门。在这个成长阶段不论是他们的身体还是他们的情感，甚至人生观、世界观等各方面都会受到不小的挑战。

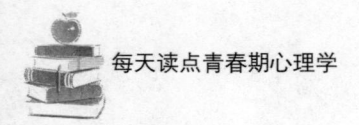

渴望脱离父母,喜欢独立成长

当孩子进入青春期之后,父母总会发现孩子变了,变得不爱跟自己说话,变得沉默,变得不那么听话,总而言之,跟过去不太一样了。孩子突然的变化让父母措手不及,又感到毫无办法。其实,进入青春期的孩子在生理、心理上都会发生很大的变化,他们开始渴求脱离父母,喜欢独立成长,他们想拥有自己独立的世界,那种小大人的心理是父母难以理解的。

在这一阶段,父母需要冷静对待。首先,应该接纳孩子生理及心理的变化,尤其是心理的变化,尊重孩子自由成长的规律,不管孩子身上出现什么样的变化,都是成长过程中的正常现象。其次,父母不能像对几岁小朋友那样直接干预孩子的生活,别总跟孩子说"你不能这样",这是孩子比较反感的说话方式。父母应该从思想入手,增进亲子沟通,否则孩子就很容易出现叛逆心理,甚至产生敌对情绪。

青春期对于孩子的成长来说是一个明显的分水岭,尽管他们看上去还是一个孩子,但内心却渴望长大,竭力想摆脱父母的管教,不希望被父母当作小孩子,渴求有独立的人格,希望得到父母的接纳、理解和尊重。同时,为了更好地独立成长,

第1章 青春谜题，少年维特之烦恼

他们希望获得某些权利，找到新的行为标准并转换社会角色。在这个过程中，一旦孩子的自主意识受到阻力，人格发展受到限制，就会滋生叛逆情绪。而且，由于孩子缺乏社会经验，自我生活能力也比较差，还不能完全摆脱父母，所以他们的内心会产生各种各样的困惑与焦虑。

许多父母总是过分关心孩子的事情，当孩子在青春期出现异常行为，他们表现得比孩子还紧张；当孩子犯了错误，他们也觉得自己有很大的责任。于是，父母与孩子之间形成一种相互依赖的关系，孩子在物质生活上依赖父母，父母在精神生活上依赖孩子。当孩子处于青春期阶段时，如果父母用成年人功利的价值取向要求孩子决定取舍，一旦孩子的表现无法满足自己的期许时，父母就会产生教育职能被剥夺的焦虑。

父母总担心孩子在成长过程中出现不好的现象，所以对孩子过分保护。结果就导致孩子要么对父母的指引全盘肯定，产生强烈的依赖思想，行为懒惰，完全没办法选择适合自己的生活方式；要么对父母的要求全盘否定，从而陷入盲目的亲子敌对关系中，强化了孩子青春期的叛逆心理。此外，父母无法认同孩子的辨别能力，自以为是地侵入孩子的私人空间，这样给孩子的感觉是自我形象低下，他们会觉得父母根本不理解自己，从而激化亲子矛盾。

月月从小跟妈妈关系特别好，不管是学校里发生的大小

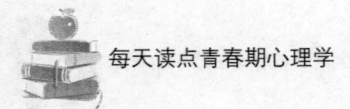

事，还是自己内心的变化，她对妈妈都知无不言，妈妈一直觉得这孩子就像自己的小棉袄一样，亲子关系温馨而美好。

但自从月月上了初中之后，这种情况就开始发生变化了。月月开始不太喜欢跟妈妈说话，每当妈妈主动问她："最近学校又发生什么好玩的事情？"月月便会淡淡地说："没有，跟平时并没有什么两样。"妈妈有时会主动问："今天在学校过得开心吗？"月月会没好气地说："天天学习，我都没有时间想今天到底是开心还是不开心。"听月月这样说，妈妈知道再问下去也无济于事，便再也不问了。

月月虽然不跟妈妈聊天，但她喜欢跟同龄的表姐聊天。到了假期，两姐妹就叽叽喳喳地聊个不停，"（3）班那个男生很帅呀""对呀对呀，我特别喜欢看他打篮球的样子""你不知道，整个年级的女生都为他疯了"……模糊地听着这些话，妈妈觉得很担心，月月到了情窦初开的年纪，可别把时间浪费在这些无谓的事情上。

于是，妈妈抽个时间，严肃地跟月月说："丫头，你现在正是需要学习的年纪，可别因为其他事情耽误学习！"月月惊讶地说："妈妈，你说什么，我一直认真学习呢，你别疑神疑鬼，行不行？"妈妈继续说："那你整天瞎琢磨那些男生的事情干什么？"一听这话，月月就生气了："妈妈，你说什么呀，我哪有，你这样真的很烦耶……"

第1章 青春谜题，少年维特之烦恼

父母总自以为很了解孩子，以为孩子还跟两三岁时一样可以被自己牢牢掌握在手中。他们没有想到的是，孩子已经长大了，他们已经有了自己的思想，再也不是那个每件事都需要跟父母汇报的小孩子了。所以，当孩子表现出想要一种独立的自由时，父母应该做的就是尊重和理解。

小贴士

1.孩子需要独立

父母与孩子之间应该是什么样的关系呢？并非捆绑在一起的整体，而是各自具有独立人格的个体，谁都没有必要为了另一方而牺牲自己，也不能把自己的主观意志强加给对方。当孩子处于成长阶段中，父母与孩子之间应保持适当的心理距离，别以为是父母就可以随意入侵孩子的私人空间。要知道，父母不能始终陪伴在孩子身边，为他人生大小事情做主。青春期的孩子需要独立，需要逐渐培养独立的人格，也是为了未来可以尽快适应社会。

2.与孩子多沟通

青春期的孩子想要摆脱父母、渴求独立生活，父母如何引导他们才是问题的关键。当务之急就是要与孩子做好沟通工作，与其建立和谐良好的亲子关系，别忽视孩子的存在，也不能随意批评或强迫，这样的行为会伤害孩子的自尊心。

3. 不要横向比较孩子

有的父母总喜欢拿自己孩子的短处与别的孩子的长处做比较，这会引起孩子强烈的抗拒心理。假如当众管教孩子，那他的逆反心理会更强烈。父母只有多鼓励和表扬孩子，才能拉近彼此之间的亲子关系。

4. 鼓励孩子自己做主

通常孩子的自主性包括独立性、主动性和创造性，这些是孩子走向未来的可贵品质。在日常生活中父母要有意识地培养孩子的自主意识，鼓励孩子自己拿主意，允许孩子偶尔做一些不明智但安全的决定，并引导孩子从错误中吸取教训。

5. 爱是不需要条件的

大部分父母自以为很伟大，对孩子的爱也是无私付出的，但实际上这样的爱真的没有附加条件吗？父母总嚷嚷："你看我多辛苦地工作赚钱养你，你当然要努力学习才对得起我！"这会让孩子觉得父母的爱果然是有条件的。父母要非常信任孩子，有的父母总希望随时监视孩子，了解他所有的事情，了解他的一举一动，这会让孩子非常反感，从而破坏了亲子之间的信任和关系。

6. 让孩子自由呼吸

虽然一些备受冷落的孩子希望得到父母的关爱，但渴望获得自由的青春期孩子却希望可以自由呼吸，父母太过深沉的爱

第 1 章　青春谜题，少年维特之烦恼

让孩子无法自由呼吸。对孩子渴望自由的心理，父母要给予尊重和理解，不要想法设法控制他，与其牢牢看住他，不如沉下心来帮助他找出自己的价值观，以平等的方式创造或转移他在乎的东西，让他产生推动自己的行为。

青春期的孩子需要被理解

青春期的孩子是孤独的，他们内心十分渴求被人理解。尤其是当他们进入青春期之后，他们就有一种感觉：自己长大了、成熟了，希望父母能把自己当大人对待。青春期是孩子的第二次心理断乳期，这一阶段他们感到异常孤独，总会在日记本里写下这样的字眼："好像所有人都不理解我""我感觉十分孤独""好像这个世界就只剩下我，没人跟我站在一边"。青春期的孩子会感到十分孤独，那是因为这个阶段是孩子向成人转变的过渡阶段，在这个阶段，孩子们需要不断思考关于自己和社会的繁杂信息，最后才可以确定自己的生活目标，所以这一阶段他们是孤独的。

进入青春期的孩子往往不知道自己真正想要的东西是什么，不知道自己想做什么，能做什么,..未来自己会成为什么样的人。随着青春期的到来，孩子们被赋予的角色一下子宽阔了，在家里，是父母的孩子；在学校，是需要学习的学生；在同学眼中，想要成为被人接纳和肯定的人，同时希望得到来自父母的尊重和信任。孩子需要在不同的环境中扮演好相应的角色，这并不是一件十分轻松的事情，但是他们又希望表现得十分独立和成熟。所以他们的心里开始出现矛盾：一方面十分需要和别人讨论和交流，另一方面又不愿意向父母及老师敞开心扉。

孩子小学时非常活泼，一到假期就到处跑，不是去乡下外婆家玩，就是去表姐家玩，反正就不喜欢待在家里。父母为此感到很头疼，爸爸甚至发出禁令：作业没做完，哪里也不许去。这时孩子少不了感到委屈，常常因父母不允许自己出去玩而伤心。

但是上了初中之后，孩子完全变了，不喜欢出门了。有时亲戚家里有聚会，妈妈软磨硬泡："走嘛，一起跟妈妈出去一趟。"孩子总会说："哎呀，不想去，去了也没什么好玩的，不如在家玩电脑。"孩子一下子从喜欢玩变成了宅女，父母又开始头疼了。

孩子进入青春期，会感觉到许多烦恼，例如父母的关心不再像过去那样能够打动心扉了，反而觉得父母非常唠叨；似乎老师在他们心中也失去了往日的威信，自己做什么事情都无法得到他人的理解；哪怕是平时关系挺好的同学，现在也不会那

第1章 青春谜题，少年维特之烦恼

么亲密无间、无话不谈了。这样一来自己总是一肚子的忧伤，到底应该跟谁诉说呢？难道这个青春期，自己注定就是独孤的吗？

与此相对应的是，父母在这一阶段也会有所察觉，孩子已经不再是过去的样子，以前天真无邪，什么事情都可以说上一大堆，现在却不想说一句话。尤其是长大之后，孩子将自己的内心世界完全封闭，不会再跟父母说心里话。

心理学家认为，青春期的孩子是孤独的。德国心理学家斯普兰格说："没有谁比青年人从他们孤独小房里用更加崇敬的目光眺望窗外世界，没有谁比青年在深沉的寂寞中更加渴望接触和理解外部世界。"那种内心滋生出来的孤独感是青春期孩子自我意识发展的一种表现，随着年龄的增长、社会经验的丰富和自我探索的深入，青春期孩子会逐渐收获一种熟悉自己、对自己有信心、有掌控的感觉，这时他们就可以独立思考、喜欢交流了。

小贴士

1.尊重孩子的自我意识

一旦孩子进入青春期，随之而来的是逐渐增强的自我意识，他们慢慢开始在意身边人对自己的看法，会产生许多奇怪的想法以及充满着对未来美好生活的向往。然而，这些想法在父母看来却是相当幼稚的，甚至是异想天开的。一旦父母把

自己的想法反馈给孩子，孩子无法认同，为了不受到父母的斥责，他们便将自己内心的想法封存起来，不再跟父母诉说，采用较为直接的表达方式如沉默来应对。

因此，面对孩子身心的变化，父母需要遵循孩子的心理特征，避免对其进行严加管制，否则只会引起他想摆脱父母管教的抵触心理。在平时生活中，父母要多多观察孩子的心理状态，用平等、协商的口吻及疏导、引导的方法，避免使用训斥、命令和强迫的方法对待孩子。

2.引导孩子化解孤独

当孩子感到孤独的时候，父母可以引导孩子使用"情绪分解法"，让孩子把生活和学习中遇到的压力与困难写出来，让孩子自己发现其中的问题所在，只要一个个解决问题，那些所谓的压力与孤独，就可以慢慢化解。

3.哭一下也没什么

心理学家认为，哭可以缓解压力与孤独。心理学家曾给一些成年人测量血压，然后按照正常血压和高血压编成两组，分别询问对方是否哭泣过。结果大部分血压正常的人都说他们偶尔哭泣，而那些高血压的人却说自己从不哭泣。当孩子因为什么事情而感到苦闷时，父母可以鼓励其大声哭出来，从而达到宣泄情绪的目的。

第1章 青春谜题，少年维特之烦恼

4.鼓励孩子多阅读有益书籍

当孩子喜欢上读书，便会把孤独抛至脑后。孩子在书的世界里遨游，所有忧愁、孤独和悲伤便会被甩在脑后，一切都烟消云散。平时父母需要鼓励孩子多读书，因为读书可以让他在潜移默化中慢慢变得心胸开阔，气量豁达，不害怕压力与孤独。

青春期孩子的隐私希望得到尊重

青春期的孩子每天都在快速成长，身体、心理日渐成熟，但他们的心理年龄却非常不稳定。尽管如此，对孩子来说，他们自以为已经是成年人，渴望人格独立，面对父母的询问常常以沉默态度回应，开始偷偷写日记，就算偶尔与同学打电话也避开父母，平时很少有时间跟父母闲聊，每天都宅在家里，看起来闷闷不乐。孩子这样的情况让父母感到担忧，总想知道孩子为什么跟过去不太一样了，因此父母常常会胡思乱想，担心孩子因缺乏辨别力和免疫力而误入歧途。当孩子不愿意开口交谈的时候，父母认为了解孩子心理状态及交友情况的最佳办法就是偷看孩子的日记。

青春期的孩子开始渴望拥有自己的私人空间，他们认为自己长大了，有主见了，渴望过独立自主的生活，更希望得到别人的尊重和信任。对于生活和学习中遇到的问题，他们喜欢独自思考，由于内心所想无处诉说，他们就喜欢将秘密写入日记里。当然，在这一阶段的孩子因所接受的教育，他们已经明白未成年人不愿意公开的日记应属于个人隐私的范围，对于个人隐私他们相当看重。如果父母有偷看他们日记的行为，孩子便会觉得这是侵犯了自己的隐私，最终的结果是造成双方关系紧张。

不知道从什么时候开始，妈妈发现孩子房间的抽屉上锁了，这才想起来前些天孩子问："妈妈，我房间抽屉里的钥匙呢，我想锁一下。"当时妈妈还额外问了一句："你有什么贵重的东西，还需要给抽屉上锁吗？"孩子回应说："你不会懂的。"看着上锁的抽屉，想想最近越来越不喜欢说话的孩子，妈妈觉得这里面藏有秘密。

摸着备用的钥匙，妈妈想打开看看，但想了想又放下了。晚上，一家人一起吃饭的时候，妈妈特别关心地问孩子："你最近看起来闷闷不乐，怎么了，学校的生活不开心吗？"孩子努力挤出笑容："没事啊，我能有什么事。"看着孩子不愿意说话的样子，妈妈也不再说话。等第二天孩子出门了，妈妈拿着备用钥匙打开抽屉，看到一本日记，妈妈忍不住翻开看了起来。原来，孩子最近跟好朋友闹别扭了，理由是好朋友背着自

第1章 青春谜题，少年维特之烦恼

己说坏话，孩子感觉被骗了，最近很伤心。妈妈终于明白孩子为什么最近状态不对了，她决定找个合适的机会跟孩子聊聊。

好不容易等到孩子心情好点的时候，妈妈开口谈起自己读书时跟朋友的一些趣事和矛盾，孩子听得津津有味，妈妈说完后对孩子说："你跟好朋友也闹别扭了吧？"孩子一听这话，脸色不对了，问："你怎么知道？难道你偷看我日记了？我不是告诉过你，那是我的隐私，你怎么随意入侵我的私人空间？"

在案例中，妈妈就算再担心孩子，也不能以此为理由去偷看孩子的日记。青春期孩子喜欢在日记里表达自己的苦恼很正常，父母不应该见风就是雨，而应选择合适的时机因势利导。现在的青春期孩子有写日记的习惯，而且喜欢藏在自己的房间里，有的甚至上了密码锁。孩子有心事不说，父母忧虑又不敢多问，那父母与孩子之间就会产生隔阂，父母会认为孩子在逃避着什么。于是，父母挖空心思想去了解孩子在想什么，偷看孩子的日记就是其中一个途径，结果这种行为让孩子的自尊心很受伤，亲子矛盾也会加剧。

日记是孩子的隐私，父母确实不应该轻易翻看孩子的日记。不过，当孩子不愿意开口说出自己的真实想法时，他们有时会在日记中有所表达。假如这时父母能够想办法了解到孩子的内心世界和真实想法，然后做出有针对性的指导，对孩子来

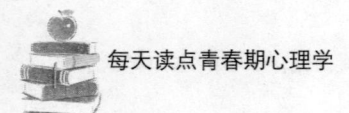

说是很有益处的。然而,需要提醒的是,偷看孩子日记是十分严肃的行为,父母在做之前必须慎重思考,否则,就会给孩子带来不可弥补的伤害。

小贴士

1.孩子需要独立的精神空间

对于孩子在青春期的变化,父母需要给予尊重,改变用强迫、指责等消极方式对待孩子,尽可能给他一个独立的精神空间。平时生活中,父母需要花时间和精力去聆听孩子的心声,走进孩子的世界,积极发现孩子的优点,并进行发自内心的赞扬。如果孩子的行为确实需要批评,也需要选择私底下进行。父母要花精力去了解孩子的需要,和孩子进行思想、感情、生活体验等各方面的沟通,孩子心里有事肯定愿意告诉父母。

2.增进亲子感情

孩子在青春期有较强的独立意识,父母可以利用吃饭等一家人围坐一起的时候,一起回忆孩子小时候的趣事,有助于建立孩子对父母的亲近感和信任感。周末与孩子一起逛街,在这个过程中父母需要淡化自己长辈的身份,尽可能让孩子带着自己玩,让孩子感到自己也可以对父母产生影响,从而缩短彼此之间的代沟,这样孩子才愿意对父母说出心里话。

3.关注孩子的学习生活

父母要经常关注孩子的学习生活,一旦发现孩子有什么不

第1章 青春谜题，少年维特之烦恼

一样的行为，可以通过向学校老师了解情况，并请他们帮忙做孩子的工作。孩子遇到困难，心理上肯定会产生一些变化，而这些变化一般都会表现在孩子的神情举止上。父母关心孩子，很容易就会察觉到这些变化，从而与他进行沟通进而解决问题，这时无须通过翻看孩子日记来了解他的内心世界。

4.别偷看孩子的日记

即便很想了解孩子的情况，也别做出偷看孩子日记的行为。如果孩子发现父母在偷看他的日记，就会降低甚至失去对父母的信任感，从而不利于孩子的健康成长。如果父母实在不小心看了孩子的日记，当孩子质问时也要说实话，并真诚道歉，如果孩子想和父母交流就会说出自己的想法，相信孩子会理解的。如果父母与孩子之间有一定的透明度，孩子有机会向父母展示自己，有机会请父母帮助自己，那才是教育的上策。

5.尊重孩子的隐私

父母要充分尊重孩子，不要野蛮地控制他。侵犯孩子的隐私，只会造成他对人性的敏感，排挤周围人，情绪上容易受到波动。孩子不愿意被父母控制的心理，会让他不停地反抗，回避问题，从而与外界隔离，这样下去父母就没办法与孩子交流，从而失去孩子的信任。

6.给孩子心理上的关爱

父母要从心理上理解和支持孩子，心理上的关爱是父母给

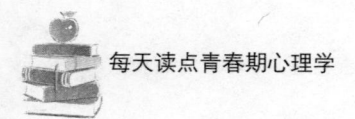

孩子最大的财富，适当地给孩子一定的空间，让他能自己解决问题，这也是锻炼孩子独立面对问题的一种方式。

别对青春期孩子唠叨

唠叨，基本上表现为机械地重复陈词滥调，类似的话需要反复说很多遍，而且几乎是每天都在说，就好像一只讨厌的苍蝇一般。对于父母的唠叨，直听得孩子耳朵"磨"出老茧，身心也被折磨得急躁不安，容易使孩子心烦意乱，没办法进入正常的学习状态。而且，父母唠叨的内容大部分指向的是孩子的弱点和缺点，没完没了地数落和冷嘲热讽，大多是"不许这样""不要那样"等，让孩子感觉到不受尊重。

父母过分的唠叨会让孩子产生自我保护式的逆反心理，他们会采取消极对抗、沉默不语的方式来应对，甚至与父母针锋相对。心理学家认为，没有十全十美的孩子，也没有十全十美的父母，假如父母苛求完美，唠叨个没完，让孩子感到厌烦，结果父母说什么，孩子根本没听进去。

欣欣跟同学抱怨："我妈妈是不是早更了，年纪轻轻一天话好多啊，天天都在我身边唠叨。"同学深有感触地点点头："可不是，我觉得我妈也是这样，就添衣服这样的小事，她可

第 1 章 青春谜题，少年维特之烦恼

以从我早上起来说到我出门，如果我觉得天气不冷不需要加衣服，她就会给我打电话。中午我回去吃午饭，她还要继续说，从衣服说到感冒，说到身体，说到自己不容易，说我不听话，至于吗？这天气本来就不冷，就因为没听她的话加一件衣服，就上纲上线说我不听话，对不起她的付出。"欣欣点点头："就是这样，真不知道她一天哪来那么多精力，还总说自己工作如何如何辛苦，既然辛苦就不要那么唠叨啦，我这么大了，好多事情都已经不需要她操心了，她还依然当我是小孩子，总是逮着一件事就说很多，我真的快被老妈烦死了。"同学附和："哎呀，真的是啊，我还不是，天天都不想见我妈妈，我一见她，她肯定要问作业做完了吗、最近考试了吗、成绩是不是又下降了……"欣欣点点头，一想到回家又要面对妈妈的唠叨就变得很忧伤。

　　心理学家认为，父母总反反复复说同样的话，会让孩子产生一种习惯性的模糊听觉。即明明在听，却怎么也听不进心里去，这是长时间重复听同样的声音而产生的一种心理上的不在乎。重复性的唠叨只会让孩子心烦，同时对父母的唠叨产生依赖感，渐渐地，父母不唠叨，孩子的事情就做不好；而批评性唠叨容易加重孩子的心理负担，让孩子对自己越来越缺乏信心，甚至产生强烈的逆反心理；随意性的唠叨会让孩子养成注意力不集中的习惯，孩子对需要记住的事情也经常当成耳

—017—

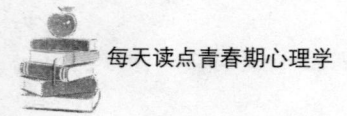

边风。

尽管父母有责任对子女的不当言行及思想进行批评教育，不过一定要注意方式方法，不要没玩没了地唠叨。因为唠叨不仅起不到效果，反而会产生许多负面的影响。

小贴士

1.开口前理智思考

父母在对孩子进行说教时，切勿信口开河。例如，规定孩子做好作业再开饭，有的父母尽管话讲出去了，但心里又担心孩子肚子饿，就会信口开河地说："你饿不饿？""快吃快吃，饭都凉了。你到底还想不想吃饭？"这样自相矛盾的话，反映了父母"说话不算数，没有威望"的特点。所以，父母在开口前要经过一番理智的思考，不能信口开河。

2.别对一件事反复强调

尽管父母喜欢对孩子讲话，不过许多话并没有说到点子上。正所谓事无巨细，如果对每件事情都反复强调反而搞得家庭上下不得安宁，父母为孩子不听话而生气，孩子在繁杂的语言环境中安不下心来做功课，结果往往是适得其反。

3.别大声呵斥

父母多和孩子说悄悄话，语调尽量低声，这是家庭关系和谐的一个重要因素，同时利于避免气氛恶化。假如让孩子做什么事情，可以用亲切的语言在他身边轻轻地告诉他，特别是对

第1章 青春谜题，少年维特之烦恼

于年纪较小的孩子，这不是命令，而是感情的信任。事实上，悄悄的一句话比大声呵斥的作用大得多。

4.适当指导孩子的行为

父母的指导是言简意赅的、亲切的，这是一种促进，能鼓励孩子独立处理问题，被指导的孩子情绪稳定，心情愉快。而唠叨带有责怪、警告的成分，往往对孩子表现出不尊重和不信任。唠叨让孩子厌倦、反感、苦闷，会让孩子形成行为惰性，不说几次，孩子就不会去做，这是一种恶性循环。

青春期孩子脾气越来越大

处于青春期的孩子，经常会出现缺乏耐性、脾气暴躁等情况，甚至对同学、父母或者老师都有一些冒犯性的言行举止。为什么一个本来乖巧的少年会变成这样呢？许多相关人士经过研究发现，这其实是一个完全正常的生理现象，主要是因为孩子的中枢神经系统处于高速生长的阶段。一些脑神经科学家曾经对11岁左右的孩子进行的实验证明，这一时期也就是他们刚刚开始青春期的年龄，这些孩子在感知、情绪等方面做出的错误判断最多，大约7年之后，也就是基本完成生理发育的时候，他们才能比较准确地判断感情。

丁丁最近感觉就像吃了火药一样，脾气很坏，动不动就发火。虽然有时候，他想着极力克制，但还是忍不住把那些话说了出来。这天晚上，已经快9点半，丁丁还守着电视看，妈妈过来说了一句："丁丁，怎么还不去睡觉，明天还要上学呢，早点睡觉。"丁丁显得很不耐烦："我自己知道，看个电视也要管，真是。""哎，这孩子，越大脾气越坏……"妈妈还没有说完，爸爸就把她拉了出去，小声跟她说："他正处于青春叛逆期，不要管他，你越说他越有劲。""唉。"妈妈长长地叹了口气，坐在沙发上的丁丁觉得自己刚才的话有点重，但他又不知道如何跟妈妈道歉，干脆直接关了电视，回自己房间去了。

躺在床上，丁丁想着自己近来的状况，也不知道是怎么回事。自从上了高中，老师天天说着高考、大学的事情，耳朵都听出茧子来了。每当老师说这些的时候，丁丁就觉得有股火气在身体里到处窜，旁边丽丽不小心碰了他一下，他就脸色阴沉地说："你没有长眼睛吗？没有看见我正在写作业！"丽丽有些不好意思："对不起嘛。"丁丁看着丽丽无辜的眼神，又很后悔自己乱发火，他低下头整理书本来掩饰自己的情绪。每次都是这样，丁丁想着自己，突然觉得对自己很陌生。以前的自己从来不是这样的，对谁说话都是有说有笑的，出了名的好脾气，连爸妈都夸自己很有礼貌。可现在呢，不但对自己的同

第1章 青春谜题，少年维特之烦恼

桌发火，回家了对爸妈说话也是那副样子。想着想着，困意袭来，他在床上睡着了。

第二天早上，丁丁看见正在厨房忙碌的妈妈，心里觉得很羞愧，一个人呆在那里。这时候，爸爸走过来说："怎么愣在这里了？赶快洗漱吃早饭吧。"丁丁低着头去了卫生间，待了好半天才出来，拿起桌子上的早餐就出门了。走出家门的丁丁显得更加羞愧，自己连跟妈妈道歉的勇气都没有，他恨不得打自己两巴掌。

当孩子处于青春期的时候，对一些情感的判断与大人明显不同。青春期的孩子正处于大脑前额叶皮层发育的阶段，大量的神经连接正处于"改造"之中，而大脑前额叶皮层对感情、道德等情绪有影响，并负责产生行动的神经冲动。

另外，大脑的其他部分已经基本发育完毕，而前额叶皮层是大脑最后发育的部分，发育过程伴随整个青春期。所以，这直接导致青春期孩子有感情判断失常、举止暴躁等表现。这样的情况很正常，不要为此感到困扰，只要孩子能够顺利度过这一阶段，那么一切就会恢复正常。

小贴士

1.控制不住情绪

许多孩子进入青春期以后，认为自己长大了，也发现自己变了。他会经常无缘无故地忧愁，经常容易生气，越来越不满

意父母的管制,有时候为了一点点小事情就大发脾气。其实,那并不是自己的本意,自己明明知道这些话会伤害到别人,但是还是克制不住,说过之后马上就后悔了。这样时间长了,孩子的性格越来越怪异,脾气也越来越不好。

2.容易冲动

在青春期,孩子的性格开始发生变化,觉得自己已经长大成人,心里渴望独立,凡事都希望自己做决定。这是孩子必须经历的一个特定时期,这个时期孩子的情绪很不稳定,容易冲动,对身边的一切事情感到困惑,也会认为自己的行为后果考虑不周。

3.引导孩子自我克制

在生活中,父母要引导孩子自我克制,让孩子别太自责。有时候孩子已经能够意识到自己行为的错误,父母要引导孩子改变自己,让自己变得心平气和,从而帮助孩子顺利地度过青春期。

第 2 章

叛逆心理，拯救孩子迷茫的青春

青春期的孩子是叛逆的，不管是身体还是心理，他们总有一种冲劲，对父母大多看不惯，心里已经开始有自己的想法，认为自己已经是大人。在这一阶段，孩子的行为可能有些偏激，父母需要冷静对待，拯救孩子迷茫的青春。

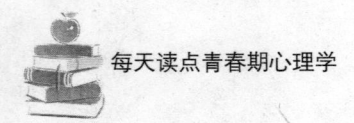

青春期是孩子的第二次断乳期

青春期是孩子的第二次断乳期，经过这一阶段，孩子从幼稚向成熟转变。从表面上看，青春期孩子个子长高，看上去已经是一个小大人，然而他们的心理和生理并没有真正地达到成熟的状态。所以，孩子处于这个年龄阶段情绪容易波动，不容易听父母的话。就算他们在生活和学习中有了不开心的事情，也不喜欢向父母说，如果遇到父母无端斥责，他们还会抱怨父母不理解自己。但在这一阶段，父母往往会过分担心孩子的言行，对孩子的异常行为打破砂锅问到底，不是妄加指责就是漠不关心，这些行为都只会增加孩子的反抗行为。在这一阶段，孩子身上呈现出来的诸多特点，就是心理断乳期的正常现象。

当孩子年纪尚小的时候，往往需要依赖父母，凡事都喜欢由父母做主，甚至他们在遇到困难时还会征求父母的意见。一旦孩子进入青春期，他们身上最突出的特点就是生理快速发展，内心萌发出"我是成年人"的想法。在心理上，由于自我意识的萌发，孩子进入心理断乳期，他们急于摆脱对父母的依赖，渴望独立，甚至要求父母将自己看成"成年人"，希望自己的意志和人格得到充分的尊重。在这一阶段，孩子十分讨厌

第 2 章　叛逆心理，拯救孩子迷茫的青春

父母过分地关心、监护、说教，特别容易产生逆反心理。

秀秀长得比较漂亮，从小妈妈就把她打扮得像一个洋娃娃一样，买粉色的裙子、粉色的鞋子，一切看起来都那么粉嫩粉嫩的。尽管小学时妈妈依然保持着给秀秀买衣服的习惯，但看得出来秀秀并不是那么喜欢。上了初中，当妈妈再次将一条粉色连衣裙放在她面前的时候，秀秀不客气地说："妈妈，我已经长大了，是一个大孩子了，你别再像过去那样给我打扮好吗，比起这些粉嫩的裙子，我更喜欢简单的款式，以后我的衣服我自己买，好吗？"听到秀秀这样的话，妈妈有些伤心，难道是因为自己眼光不够好吗？

其实并不是妈妈的眼光不好，而是孩子已经有自主选择的能力。孩子进入心理断乳期，他们开始对家庭、对学校甚至对社会产生巨大的叛逆心理。在这一阶段，他们渴望自己可以被他人当作成年人看待，渴望被成人的世界认同，喜欢通过叛逆的行为来向世界宣布自己已经长大。但在同时，他们叛逆的行为恰恰暴露了作为孩子的幼稚和不成熟，就好像贴了标签告诉别人，他正在成长过程中、在躁动的青春里寻找一种叫独立的东西。这时父母要耐心等孩子长大，给予他理解，小心呵护他。

小贴士

1.尊重孩子的第二次诞生

心理断乳期的真正意义是孩子对父母摆脱了孩子式依恋，

走上精神的成熟与独立。对此，父母不应该大惊小怪，而是应把重点放在帮助他们从孩子到成年人的转变上。所以，请尊重孩子的第二次诞生，对孩子进入心理断乳期持欢迎态度。

2.孩子应有他自己的世界

在这一阶段，孩子应有自己的世界，父母要把孩子的某种离心倾向理解为他的精神在朝着独立自主方向发展。或许在这一阶段，孩子更愿意跟同龄的孩子说心里话，而对父母的依赖则在不断减少。这对于一直习惯孩子在身边的父母来说，孩子好像变心了，实际上交朋友是孩子在精神独立阶段的正常表现。如果孩子有适当的朋友，那就不至于因心理断乳期而过度失落。

3.对孩子要因势利导

父母应根据孩子的心理特点，从行为上和心理上对其进行引导，教育的方式要多样化。采用平等对话的方式，让孩子把心里话说出来，然后父母把自己的观点、经历讲给他听，让孩子自己进行比较，父母不要采取简单粗暴的方式，要因势利导。

4.充分相信孩子

父母首先要尊重孩子独立的人格，孩子已经觉得自己长大，完全有能力做好自己的事情。这时父母可以充分利用孩子的这个想法，把家里的一些事情和孩子商量处理，聆听、征求孩子的意见，对孩子生活、学习中出现的问题，尽可能让他自己去处理。同时，父母也可以提出自己的意见，告诉孩子，当他们遇到困难和挫折的时候，爸爸妈妈一直在他们身边，随时可以给予他们建议及帮助。

5. 冷静对待发脾气的孩子

当孩子发脾气时，父母应保持冷静，争论激烈时，父母应转移话题或采取冷处理方式，避免孩子萌发对立情绪，使逆反心理更强烈。事后在合适的时候，父母可以心平气和地指出孩子的错误和不当之处，使孩子积极克服幼稚、喜欢冲动的坏习惯。

6. 鼓励孩子走出去

父母要鼓励孩子广泛结交朋友，在集体活动中，丰富、充实自己的精神生活，发展"自我"意识，正确、客观地评价自己，以培养孩子活泼开朗的性格、真诚待人的品德，帮助孩子顺利度过心理发展的这一重要时期。

7. 孩子有他的权利

父母要转变观念，尊重孩子的权利，承认他是一个独立成员，应平等相待，对孩子评价要做到恰如其分，不要将孩子与其他孩子相比。在与孩子相处时，要与孩子建立起朋友式的友谊关系，尊重他的自主权与隐私权，尊重、理解、爱护他，多指导少指责，多帮助少干涉。

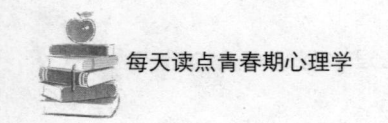

叛逆就是专门与父母作对

进入青春期之后，孩子在生理上发生了很大的变化，身体慢慢开始发育成熟。不过他们生理上的成熟并没有带来心理上的成熟，不少孩子在青春期出现叛逆心理。通常青春期的孩子在心理特点上最希望表现出成人感，有较强的独立意识。

青春期孩子的心理特征是：情感丰富，情绪波动。青春期孩子感情相对脆弱，有时开心，有时莫名伤心，对父母不愿意谈及心事，对朋友却可以敞开心扉。自我意识强，他们自我感觉像个小大人，不过思维情感却还是个孩子。他们开始偷藏自己的日记本，有成人的感觉，喜欢模仿大人的行为，如涂指甲、讨厌父母的唠叨。不管自己对错，只要是来自父母的批评，他们都积极反抗。

雅雅一直以来都很乖巧，总是认真听父母的话，学习成绩也优异，她一直都是那种"别人家的孩子"。左邻右舍的家长在训斥自家孩子时，总是说："你看雅雅每天学习多刻苦。""隔壁的雅雅多懂事，每天回来不用父母说就主动做作业。""不仅如此，写完了作业还帮父母干活，你看你呢。"

可能正是父母和身边人对自己的期望太大，雅雅有时感觉有点力不从心，好像自己永远不能犯错一样。进入初二下学期之后，由于对自己要求过高，压力太大，导致雅雅学习成绩有所下滑。当妈妈看见成绩单的时候,忍不住说了几句:"你看你,以前可是我们小区的榜样,你现在成绩下滑了,别人问起我来可不好说话。"雅雅第一次反驳妈妈:"正因为你们总是这样,所以才会给我这样大的压力。"妈妈不以为然:"怎么成我的错了,妈妈也是为了你好啊。"雅雅感到十分委屈:"不要总打着为我好的旗号来要求我,我真的很累。"说完,就跑进自己的房间,锁上了房门。

这之后,雅雅有些变了,不再那么努力学习,也跟着同学们学穿衣打扮,穿着越来越时尚,但成绩也越来越差。就这样,雅雅依然是左邻右舍口中"别人家的孩子",只不过这一次是坏的榜样。

有一位青春期孩子对妈妈说:"为什么我一听见你说学习的事情就来气,我知道你是为我好,但我心里很反感,或许这是一种叛逆心理。假如你不跟说我学习的事情,我很愿意跟你亲近的,而不是像现在这样,害怕与你交流。"可以说,这是一位青春期孩子的内心独白。

青春期孩子处于开放性与封闭性的矛盾中,他们需要与同龄人,尤其是与异性、与父母平等交往,他们渴望他人和自己一样彼此之间敞开心灵。不过,由于每个人的性格和想法并不一样,难以满足青春期孩子的这种渴求心理。甚至,有的孩子会把心里话诉说在日记里,这些在日记里写下的心里话,又因

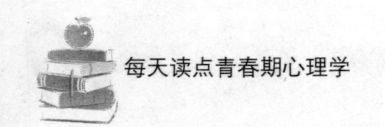

为孩子好强的自尊心，不愿意被他人所知道，于是就形成既想让他人了解又害怕被别人了解的矛盾心理，同时也是他们叛逆的原因。

> **小贴士**

1.学会平等地面对孩子

父母应该学会平等地面对孩子，把他们当作大人看，这是最关键的问题。否则父母高高在上就不容易得到孩子的认可，得不到认可，就不容易知道他们心里究竟在想什么。不知道孩子的心事就难以对症下药，这样就达不到教育的效果。

2.看到孩子的优点

在现实生活中，许多父母总喜欢拿自己的孩子跟其他的孩子比较，给孩子一种强大的压力，其实这样的做法是欠妥当的。每个孩子都是独立的自己，他们都有自己的优点，只是经常被父母忽视而已。假如父母总喜欢拿自己孩子的缺点跟别的孩子的优点比，会挫伤孩子的自尊心，自然会触动孩子的逆反情绪。

3.跟孩子一起写日记

不论是父母还是孩子，都有心情不好的时候，这时不要把气撒在孩子身上，最好的方式就是写到日记里，然后给对方看。跟孩子约好，互相看日记，这样容易谅解对方。当然，这需要征得孩子的同意，也可以让孩子把心事写到字条上交给父母，父母能够第一时间了解孩子的烦恼并回复孩子，帮助孩子走出心理困惑。

4.多了解孩子的成长心理

父母可以通过了解孩子叛逆的特点，并告诉他这是每个年龄段的心理特征。实际上，叛逆的个性也并非全都不好，但需要引导孩子学会控制自己。假如他开始反驳父母，那证明他已经长大了。当然，父母需要告诉孩子叛逆的缺点和优点，帮助他顺利度过青春期。

5.平心静气地当个好听众

实际上，叛逆的孩子不喜欢父母的唠叨，不过他们却喜欢向别人倾吐自己的心事。父母可以平心静气地当个好听众，他需要被倾听，这样会分散他们心中的委屈、烦恼。父母可以跟孩子一起去野外散步，或跟孩子一起运动，这样彼此都会感觉很轻松。

6.以鼓励教育为主

对处于青春期的孩子，父母应该以鼓励教育为主。这个年龄阶段的孩子最反感的就是批评，假如父母经常批评他们，一定会激起其内心的反感。反之，假如父母经常发现他们身上的闪光点，鼓励他们、激励他们，那他们就会如父母所想的那样去努力成长。

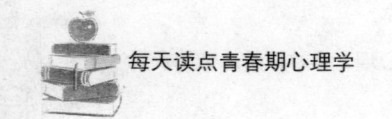

青春期孩子喜欢与父母吵架

受千百年传统观念的影响，父母总会觉得小孩子见识少、阅历浅、不成熟，又是自己生养的，于是形成"大人说话小孩子听"的定论。许多父母不允许孩子与大人争辩，他们奉行"父母之命"的教义。孩子只能对父母的话"言听计从"，是绝不允许与父母拌嘴、争辩的，否则就是"大逆不道"。实际上，随着孩子进入青春期，他们的自我意识开始被唤醒，这时父母与孩子争辩是一件有意义的事情。所谓争辩是争论、辩论的意思，是各执己见，互相辩论说理，这样做有利于父母与孩子进行思想沟通，通过争辩形成共识、解决问题。

汉堡心理学安格利卡法斯博士认为："隔代人之间的争辩，对于下一代来说，是走上成人之路的重要一步。"允许青春期孩子适当争辩，有助于孩子摆脱无方向状态，可以使他们知道自己的能力和界限在何处。同时，争执可以让孩子变得自信和独立，在对抗中他们感觉自己受到重视，知道怎样才能贯彻自己的意志。争执也表示孩子正在走自己的路，他们注意到，父母并非总是正确的。

午饭后，妈妈吃了饭躺在沙发上看电视，孩子拿着妈妈的手机玩。

妈妈看到低头玩手机的女儿，气不打一处来："天天就玩

第 2 章 叛逆心理，拯救孩子迷茫的青春

手机，我的手机快没电了，一会儿我还得上班，赶紧把手机放下，去写作业。"

女儿头也不抬："玩一下有什么要紧，这才吃了饭还没消化呢，你上班也可以充电啊，一会儿你上班了我就写作业。"

看见女儿没有放下手机，妈妈不由得提高声调："你说你，一天除了玩手机还能干吗，成绩也不咋的，真不知道以后你准备干什么去。"

女儿依然不抬头："我的未来谁说得清呢，反正我不会像你这么活着。"

一听这话，妈妈更生气了："我怎么活着了，我每天拼死拼活地工作，还不都是为了养你，供你读书，你倒好了，天天玩手机，还瞧不上老妈了。"

女儿终于抬起头来："我可不是那意思，我不过是玩玩手机，你就开始说我未来没出息，这话我听着舒服吗？我不过是把这句话还给你而已。"

妈妈站起来，一把夺过手机，怒声："你有出息了，妈妈说你几句也不听了……"

心理学家认为，争执可以帮助青春期孩子变得自信和独立。在与父母争辩的过程中，孩子会感觉自己受到重视，知道怎样表达才能实现自己的意志。同时，争执也表明孩子自我意识的觉醒，正在试着走自己的路。争辩的胜利，无疑让孩子获

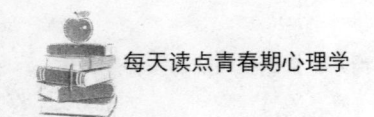

得一种快感和成就感，既让孩子有了估量自己能力的机会，也锻炼了他的意志力。

父母在教育孩子的时候，经常会遇到他回嘴、反驳、顶撞等情况。面对孩子的争辩，父母明智的做法就是给他争辩的权利，认真听取他的争辩。这样父母可以从孩子的争辩中了解他发生某种行为的背景、条件以及心理动机等，从而进行针对性的教育。同时，让孩子争辩，为父母树立了一面镜子。父母通过听取孩子的争辩，可以检验自己的教育方法是否得当，说法是否在理。明智的父母常常不把自己的意志简单地强加在孩子身上，而是为孩子争辩创造一个宽松、平等的氛围。在与孩子争辩的过程中，父母应循循善诱，以理服人，不要简单地把孩子的争辩看作对自己的不敬。

小贴士

1.允许孩子提出意见

处于青春期的孩子在争辩的时候，往往是他最得意、最来劲、最高兴、最认真的时候。这样做对孩子是很有益处的。允许孩子这样做，还可以营造家庭的民主气氛，提高他各方面的能力，对孩子未来的生活也是大有好处的。

2.孩子争辩是一件好事

父母应该树立一种观念，允许孩子争辩，这并不是什么丢面子的事情。那种认为一旦允许孩子争辩，他就会不听话，不尊重自己，与自己为难的想法是不正确的。孩子与父母争辩，对双方都是很有好处的。

3.彼此制定一些规则

当然，孩子争辩是应该遵循规则的，也就是说，不允许他胡搅蛮缠、随心所欲，而是要在讲道理的基础上进行争辩。假如孩子违反了争辩的规则，父母自然应该加以制止。当然，父母是规则的制定者，因此在制定规则时要从实际出发，合乎孩子的情况，合乎一般的道理，否则，这样的争辩就是不合理的。

4.孩子也需要表达意见

对于许多父母而言，给孩子说话的权利并不能轻易做到。父母在教育子女的时候，往往是只能我说你听，哪里容得孩子争辩？所以，在给孩子争辩的权利时，需要父母克服自以为是、唯我是从、只准说是、不准说"不"的单向说教思维定式，而采取尊重孩子、鼓励争辩、勇于认错的思维方式。

5.孩子为什么争辩

假如孩子因青春期的叛逆思维而毫无理由的争辩，父母事后可以反思，到底是自己没有尊重孩子的意愿？还是孩子确实是在胡搅蛮缠？假如是前者，父母需要反思自己，是否真的尊重了孩子；假如是后者，父母可以仔细观察孩子做出这样行为背后的真实心理，了解之后采取相应的教育方式。

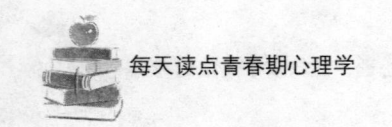

青春期孩子的对抗情绪

父母好心提醒孩子"降温了,带件衣服去学校",孩子的回答却是"你好烦啊……"青春期孩子的不听话成为父母心中挥之不去的"痛",他要么与父母针锋相对、吵闹顶嘴;要么对父母的话置之不理、置若罔闻;要么受到批评就甩门而去,甚至上演离家出走的戏码。对于这样的孩子,父母选择"打骂",但越是打骂,孩子反而越叛逆,越是与父母对着干。

青春期孩子叛逆,产生对抗情绪,这是一种独特的心理现象,也是一种必然的生理现象。青春期孩子的心理随着年龄段的变化而变化,第二性征的出现给他的心态造成了冲击,他面对自身的变化经常会感到不知所措,从而产生浮躁心态和对抗情绪。青春期孩子的心理呈现青春期心理的特殊性,他觉得自己已经像个成年人,所以在面对问题时他们经常表现出幼稚的独立性,做出一些偏激的或是强烈的反应。

小梦读初中时,非常喜欢信息技术这门课,父母则简单地禁止她"玩电脑",一味要求她放学回家必做多少作业、多少遍练习。这引起了小梦的不满,既然父母不让她做自己想做的事情,她就故意不用功,让成绩一落千丈,明知这样做不对,小梦依然我行我素,她甚至喜欢看到父母不舒服、干着急的样子。

当父母说："今天下雨了，记得出门多带一件厚外套""宝贝，你最近怎么回事，得抓紧学习啊，你这样，我真的不知道该怎么办啊""以后你长大了，怎么办呢？学习不好，只能打工……"这时，小梦就会下意识地捂住自己的耳朵，大声叫道："你们说什么，我都不想听，走开啊，你们……"

由于自我意识和好奇心的增强，又由于社会、媒体的冲击，青春期孩子对许多东西产生兴趣，他便要通过表现个性、追逐潮流来满足自我意识和好奇心。社会和家庭的传统教育的一些弊端，阻碍了孩子自身发展的需求，成为他们对抗情绪产生的源头。

青春期孩子为独立做准备，所以他想在心理上跟父母做分离，表现出来的就是强烈的独立意识。心理学家认为，孩子青春期的亲子对抗是有积极意义的，只是每个孩子性格不一样，独立意识不同，许多父母都没准备好，孩子只是出于父母自身意愿而存在。面对青春期的亲子对抗，父母的改变应该比孩子更多。

小贴士

1.正确认识孩子的逆反心理

心理学家认为，12岁至16岁是孩子的"心理断乳期"，随着接触范围的扩大、知识面的增加，孩子的内心世界丰富了，

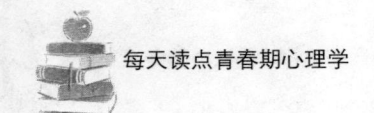

容易对父母产生"逆反心理"。他们认为自己已经长大，对社会、人生有着与父母不同的看法，不要父母处处管着自己，于是开始时时顶嘴、事事抬杠。

2.孩子的行为是正常的

孩子出现的一系列身心变化，他自己也是始料不及、难以控制的，这时尤其需要父母的理解和接纳。父母千万不要看到孩子一些变化，或者发现孩子的反常行为就大呼小叫、惊慌失措，更不要打骂训斥、横加指责，否则，只会加剧孩子的逆反心理，增加与父母的隔阂。

3.注意说话的语气和措辞

父母要改变自己说话所用的语气、措辞、态度及行为。传统的教育方式已经证明没什么效果，所以不管你怎样改变，都可以比重复过去的方法多一个成功的机会，不要以为自己改变了，孩子就会马上听话，他会用无数次试探来看父母是否坚持。

4.与孩子做朋友

情绪本身不是问题，真正需要处理的是导致情绪出现的事情或过程。父母假如可以跳出这种在孩子面前的权威怪圈，从孩子成长的长远来看，与孩子做平等的朋友是更理智的教育方式。由于朋友之间的平等，让彼此之间的沟通会更流畅，这样就不会为"听话与否"的问题与孩子产生分歧。

5.成为孩子的榜样

父母对孩子的影响力来源于知识和榜样的力量。在平时的生活中,父母要不断学习,提高自身知识积累,通过渊博的学识让孩子信服。父母要以身作则,言行一致,注重自身修养,树立自己的威信,从而成为孩子的榜样。即便与孩子交流,父母也要做到心平气和,态度和蔼。

6.他毕竟是孩子

青春期孩子比较叛逆,父母不要硬碰硬,不要跟孩子争高低,认为胳膊总是拧不过大腿,对孩子应适度忍让。假如与孩子发生冲突,作为父母应该懂得忍让,让孩子先过去,这毕竟是孩子的人生必经路。

7.多夸赞孩子

教育家认为,好孩子都是夸出来的,恰到好处的赞美是父母与孩子沟通的兴奋剂、润滑剂。父母对孩子每时每刻的了解、欣赏、赞美、鼓励会增强孩子的自尊、自信。父母应该记住这样一句话:赞美鼓励使孩子进步,批评抱怨使孩子落后。

8.让孩子做他喜欢做的事情

有时候孩子专注于他感兴趣的事情而忽视了父母的话,这完全在情理之中。父母应适当多给孩子留一个属于他们自己的空间。这样孩子才有时间或胆量做自己喜欢做的事情,假如父母能够及时送上称赞,还将有利于孩子将来的发展。

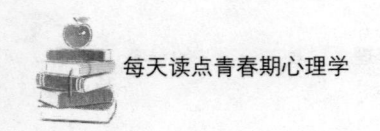

9.注重引导孩子的行为

多听话便会少用脑,这容易让孩子产生依赖的性格,不管对孩子的智力发展还是自主能力、创造能力的培养都非常不利。因此,最好的办法不是要孩子听话,而是帮助孩子认识和感觉到什么行为是他自己应该做的,而且让其感受到从中带来的许多乐趣。

渴望摆脱父母的管束

心理学研究认为,进入逆反期的孩子独立活动的愿望变得越来越强烈,他们觉得自己已经不是小孩子。他们的心理会呈现矛盾的地方:一方面想摆脱父母,自作主张;另一方面又必须依赖家庭。这个时期的孩子,由于缺乏生活经验,不恰当地理解自尊,会强烈要求别人把他们看作成人。

假如这时父母还把他们当成小孩子来看待,对其进行无微不至的关怀、唠叨、啰唆,那孩子就会感到厌烦,感觉自尊心受到了伤害,从而萌发出对立的情绪。假如父母在同伴和异性面前管教他们,其"逆反心理"会更强烈,这时父母要巧妙运用"飞镖效应"。

孩子今年15岁了,最近总是喜欢和父母顶嘴,明明无理还要争辩。平时让她干什么事情,总要等大人发了脾气才会行动。而且,最常挂在她嘴边的一句话就是:"要你管我?"

孩子平时不愿意跟父母交流沟通,处处与父母对立,不是频繁地发脾气、与父母争吵,就是乱扔衣服、不写作业,有时还会逃学、夜不归宿。父母没说两句话,孩子就会摔门而去,或者说:"得了,得了,我什么都懂,一天到晚数落什么,我不需要你们管!"在学校与同学关系也不和睦,说话总是尖酸刻薄。老师教育她,嘴皮都说破了,她依然不动声色。父母为此都愁死了,不知道该怎么办。

许多父母经常抱怨孩子越来越不听话,整天不想回家,不愿意与父母说心里话,做事比较任性。而孩子却说,父母一天到晚唠唠叨叨,规定这不许、那不准,真是讨厌。显然,父母与子女无法沟通。

小贴士

1.对孩子别过分溺爱

父母应该意识到,对孩子过分的溺爱,实际上是害了他。父母应对孩子既爱护又严格要求,对孩子不合理的要求,不能无原则地迁就。假如孩子的第一次企图得逞,之后就会习惯由着自己的性子来,到时候父母想管教亦是无能为力。当孩子生气时,父母要避免大声斥责。这时可以让孩子做一些能吸引他的事情,稳定其情绪,转移其注意力。等到孩子情绪稳定之

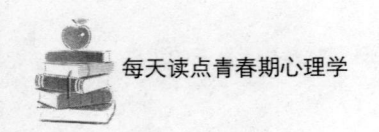

后,再耐心地教育他。

2. 多给孩子留思考时间

父母不能因为孩子是自己的,想打就打,想骂就骂,觉得这好像是很正常的。其实这样的教育方式恰恰错了,效果会适得其反。父母可以换个角度思考,站在孩子的立场,教育孩子,处理突发事件。父母应以情感人,以理服人,毕竟孩子一时半会儿想不通,需要留给他们一些思考的时间。

3. 父母首先要冷静

孩子顶嘴,父母即便再生气也要保持冷静,控制住自己的情绪,不能一看到孩子顶嘴就火冒三丈,甚至对孩子拳脚相加。这样做不仅无助于问题的解决,反而会使双方的情绪更加对立,孩子会更加不服气,父母会更生气,这样只会激化矛盾,不利于任何事情的解决。

通常孩子不太懂得控制自己,当他对父母的管教不服气时,他可能会情绪比较激动,可能会冲父母发脾气,可能会有过激的言语和行为,这时父母千万不要跟着孩子一起着急,要想办法控制孩子的情绪,可以先把事情暂时放一放。

4. 加强与孩子的沟通

当孩子有了逆反的苗头时,父母要与孩子进行一次亲切的聊天,明确告诉他逆反是一种消极的情绪状态,父母、老师、同学都不喜欢,会影响自己的人际交往。长时间逆反下去,孩子会变得蛮横无理，胡作非为，不利于自己身心和谐正常发展。父母可以告诉孩子，对孩子的逆反，做父母的有多担心和顾虑，让他感受到他的逆反给身边的人造成的感情负担。

5.父母要保持一致的思想

面对孩子的教育问题，父母要保持一致的思想。不能父亲这样说，母亲又那样说；父亲在严厉地教育孩子，母亲却在一边护短。对于孩子的教育问题，父母可以先商量一下策略，口径一致后，再与孩子进行交流。

6.批评孩子要讲究方法

不讲方法、不分场合地批评孩子，孩子犯了一个错误就把他过去的种种错误全都翻出来，随意地贬低和挖苦孩子，教育孩子时连同他的人格一起做出批判，这些是很多父母的通病，也容易引起孩子的逆反。

要减少孩子的对立情绪，父母不能滥用批判，批评孩子前先要弄清事情的原委，分清场合，更不要贬低孩子的人格，批评孩子时要考虑孩子的感受。而且，好孩子都是夸出来的，对孩子要多些表扬少些责怪，经常想想孩子的长处，关注孩子的点滴进步，寻找孩子身上的闪光点。这样一来，孩子平时受到的表扬和鼓励多了，犯错误时也容易接受父母的批评。

7.减少孩子的抵触心理

有的父母出于对孩子的关心，一心一意想让孩子在自己的庇护下长大成人，而孩子开始有强烈的独立自主要求，对父母强压给他的想法和观念十分不满，从而引起逆反，容易与父母产生冲突。对于孩子的合理意见，父母要尊重，不要对孩子发号施令，以免让孩子产生抵触心理，对孩子尽可能地用商量的口吻"我认为""我希望"，以此改善孩子与父母的关系，减少孩子的逆反心理。

8.留心听孩子说话

父母要善于营造聆听气氛，让家里时时刻刻都有一种"聆听的气氛"。这样孩子一旦遇到重要事情，就会来找父母商量。父母需要抽出时间陪伴孩子，例如利用共聚晚餐的机会，留心听孩子说话，让孩子觉得自己备受重视。父母需要做的是顾问、朋友，而不是长者，只是细心倾听、协助抉择，而不插手干预。

第 3 章

情绪心理,引导孩子面向阳光

青春期既是花季,又是雨季。看起来那么美好的年龄,却藏进了无数的烦恼。孩子在这一阶段身心的变化导致他们情绪多变的心理特点,很容易伤春悲秋,作为父母需要引导孩子培养积极开朗的性格,顺利地度过青春期。

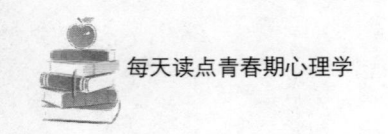

青春期孩子情绪容易低落

青春期孩子动不动就喜欢说"不",而且经常是你说什么他都会说"不"。心理学研究表明,这是孩子独特的表示自立的正常方式。当孩子开始说"不",是他形成自我认识的开端。而当生活里的某些事情或某些要求与其个体的兴趣、需要和愿望等不一致的时候,孩子就会产生消极情绪,诸如抵触、对抗、哭闹等。

与成年人一样,孩子的情绪也有消极和积极之分。在孩子1岁左右,他们的情绪就开始分化,2岁时出现各种基本情绪,也就是生气、恐惧、焦虑、悲伤等消极情绪和愉快、高兴、快乐等积极情绪。积极的情绪对孩子的身心发展可以起到促进作用,有助于发挥孩子内在的潜力;消极的情绪则可能让孩子心理失衡。

静雯上初三了,本来应该是活泼好动、洋溢着青春气息的女孩子,但是静雯给人的感觉却很老成,浑身上下看起来没什么精神,哪怕穿着最时尚的裙子,走路也是毫无精神,看起来一副没睡醒的样子。老师已经多次跟她父母反映,孩子喜欢在上课时睡觉,本来静雯成绩还可以,但正因为精神状况不太好,成绩又下滑了几名。

父母感到很着急,这孩子是怎么了,这个年纪怎么也得是一个活蹦乱跳的孩子啊,可她活得好像一个老人一样。如果上学还算生活规律,不上学就每天玩电脑到很晚,第二天睡到中午,起来也是无所事事,甚至有时饭也不吃。妈妈带着她去看医生,经过检查之后,医生做出结论:这并不是病症,需要心胸开阔,多运动比较好。

妈妈耐心地问孩子:"你怎么了,怎么每天看上去没精打采的?"静雯依然是默不作声的表情:"我觉得一天也没什么值得高兴的事情啊。"当妈妈提出去吃她最喜欢的火锅,静雯也是安静地回答:"可以啊,我随便啊,你想吃什么就吃什么。"语气里不夹杂丝毫的情绪,好像什么事情也提不起她的兴趣。

对青春期孩子而言,产生情绪是一件很正常的事情。当一个成年人发脾气的时候,旁边的人会安慰,或者会知趣地离开。但是,当一个孩子发脾气的时候,他受到的却是父母的斥责,甚至是挨打,这其实是极不公平的。所以,一旦孩子有了消极情绪,父母需要做的是理解、帮助,而非责备、训斥。

小贴士

1.让孩子合理表达情绪

青春期孩子情绪容易波动,当负面情绪来袭的时候,应该找寻合理的方式将情绪发泄出去。因为情绪一旦产生，宜疏导而非堵塞，尤其是当孩子遭遇挫折或困难的时候，应该及时发泄情绪，这样可以减轻他精神上的压力。在生活中，父母要引导孩子合理表达情绪，让孩子通过正常的言语或非语言的方式表达自己的情绪，这样可以确保孩子身心健康。

2.耐心开导孩子

当孩子发脾气的时候，父母需要耐心开导他，让孩子知道自己内心的感受。父母可以告诉孩子，发脾气时可以做什么，不能做什么，允许孩子以正确的渠道发泄情绪。在合适的时间段，可以给孩子说一说自己亲身经历的挫折和困难，自己当初又是如何战胜困难的，毕竟孩子年龄比较小，很少经历创伤和挫折，父母就是孩子的榜样。若是父母跟孩子多聊这些话题，势必会对他产生积极的影响。

3.鼓励孩子说出真实感受

倾诉是一种合理的方式，父母可以引导孩子把他遇到冲突或挫折时的感受告诉自己，同时给予孩子同情、理解、安慰和支持。孩子对父母有很大的依赖性，父母对孩子表现出的同情或宽慰会缓解甚至清除孩子的紧张心理和不安情绪。即便在孩子倾诉的内容不合理的情况下，父母也要耐心地听下去，至少保持沉默，等孩子倾诉完毕之后，再与他讲道理。

4.让孩子认可自己

父母要善于发现孩子的优点,同时将这些优点与孩子熟悉或崇拜的先进人物、英雄人物的优点相比,让他在内心认定自己与他们的性格一样,从而激发孩子在思想上和行为上向他们学习。当孩子不断突出自己的优点,同时自我认可和肯定,慢慢养成习惯之后,其消极的情况就会得到改观。

5.让孩子转移注意力

转移注意力,是合理宣泄情绪的最佳途径。父母要引导孩子在遇到冲突和挫折时,不要将注意力集中在引发冲突或挫折的情境之中,而应尽可能地摆脱这种情境,投入自己感兴趣的活动中去。例如孩子在玩游戏中与其他孩子发生冲突,可以让他到图书馆看会儿书,或在剧烈运动中将积累的情绪能量发散出去。

6.告诉孩子困难面前保持冷静

父母可以告诉孩子,生活中并不是每件事都会让自己满意,一个人总是会遇到这样或那样的挫折,生气和难过都是没有用的,而是需要有意识地控制自己的情绪,保持冷静。同时父母可以通过带孩子旅游、登山来丰富他的精神世界,锻炼他的毅力,尽可能帮助孩子形成坚毅、开朗的性格。

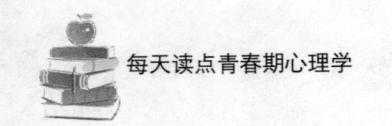

解码青春期抑郁症

孩子小升初时以第一名的成绩入校,但上初中时喜欢上玩游戏,结果中考前因紧张焦虑,成绩离重点线差20分。上高中以后,开始厌学,找当地心理咨询师咨询七八次后没效果,上了一学期便休学在家,后又两次尝试到校,各上一个月左右的时间,现在一直休学。平时在家里经常难过,感到无力无助,冲动时就摔东西、失眠、心慌、胆小,精力无法集中,无所事事只好打游戏,有时提到不如去死可又不敢。孩子现在这样子,真是不知道该怎么办才好。

心理学家认为,案例中的孩子是患了青春期抑郁症。与身边的同龄孩子关系差的孩子更容易患抑郁症,除了人际关系导致的抑郁情绪积累之外,学习压力大、与老师关系差、父母婚姻破裂等,都对孩子产生很深的影响。

抑郁症主要是指以情绪抑郁为主要特征的情感障碍,不但包含郁郁寡欢、忧愁苦闷的负性情感,且有怠惰、空虚的情绪表现。不过人们经常会误以为抑郁症只会发生在有自我意识能力和情感丰富的成人身上,而不会发生在青春期孩子身上。抑郁对孩子的身心发展非常有害,会使孩子过度敏感,对外面世界采取回避、退缩的态度,同时还可造成儿童身高发育不良。

青春期孩子的世界应是缤纷多彩的,充满快乐和欢笑的,但是有的孩子在这个美好的年纪却总是郁郁寡欢。由于各种原因，很多孩子经常被抑郁的情绪所侵袭，严重者就会成为抑郁症患者。无疑，这是一个令孩子本人和父母都感到痛苦与困惑的问题。作为父母，应该怎么样帮助孩子远离"抑郁"的阴影呢？

> **小贴士**

1.让孩子感到温暖

心理学家认为，良好的家庭支持和家庭凝聚力是孩子健康成长的持久动力。平时生活中，父母要常常检查自己的情绪，避免自己身上的负面情绪影响到孩子。学会尊重他，顺畅地和孩子沟通，为他创造一个亲密、融洽、温馨的家庭氛围，让孩子体会到家里的温暖和安全。

2.让孩子多与人交往

父母平时要真诚待人，鼓励孩子多与人交往，教会他与同龄孩子融洽相处，多组织孩子间的情感交流活动，培养孩子广泛的爱好和乐观宽容的性格，享受友情的温暖。

3.培养孩子好的性格

平时父母需要多发现孩子的优点并恰当地给予孩子表扬和鼓励，从小培养孩子的自信与应付困境乃至逆境的能力，教育孩子学会忍耐和随遇而安，在困境中寻找精神寄托。

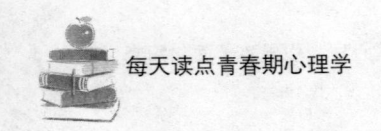

4.尊重孩子的兴趣

平时父母要适当给孩子一些自己的时间和空间,让孩子在不同的年龄阶段拥有不同的选择权。不要对孩子期望太高,不要过分纵容孩子或太过苛求,应按照他自身的能力和兴趣来培养他们。

5.纠正孩子认识上的偏差

假如孩子已经出现抑郁症状,父母要给予他适时的积极暗示,教导孩子理智调节自己的情绪,纠正认识上的偏差。父母可以寻找一些令他开心或振奋的事情,让愉快的事情占据孩子的时间,以积极的情绪来抵消消极的情绪,引导孩子适当地发泄内心郁闷的情绪。在有必要的情况下,可以及时找心理专家咨询,予以积极的治疗。

6.时刻注意孩子的情绪变化

假如孩子在学校或外面风光无限,非常活泼,但是在家的时候却总是唉声叹气、异常颓废,完全与学校的情况判若两人。作为关心孩子的父母,需要担心孩子是不是有"隐形抑郁症"的问题。

性情大变的青春期孩子

处在青春期的孩子，至少面临着三方面的压力和挑战：一是身体正在迅速发育，尤其是性方面的发育和成熟，让他们积蓄了大量的能量，容易兴奋过度；二是他们学习任务比较重，所承受的心理压力很大；三是随着年龄的增长，他们渴望对外部社会有更多的了解，人际交往也逐渐增多，各种各样的信息纷至沓来，这就使他们需要处理的问题越来越多、越来越复杂。

以上三方面的压力常常交织在一起，矛盾此起彼伏，尽管孩子生活的内容大大丰富了，不过也不再像幼儿园、小学时那样单纯容易。这时，他们大脑的神经机制并没有发育健全，调节能力还比较差，所以面对各种压力和刺激，便很容易产生心理不平衡。青春期孩子又不像成年人那样善于控制或掩饰自己，常常喜怒皆形于色，便显得情绪忽高忽低，十分不稳定。

孩子进入青春期之后，突然性情大变，经常惹得我很生气。有一次，我们一家人高高兴兴地出去玩，刚开始孩子兴致也很高，和她表弟玩得挺开心的，我还给她买了一个小礼物，她很开心，一路上都有说有笑。吃饭时，小表弟看着孩子的礼物说他也想要同样的礼物，当时我想一会儿出去再买一个吧，当即就把孩子的礼物递给他。这一幕被孩子看到，刚才还很高

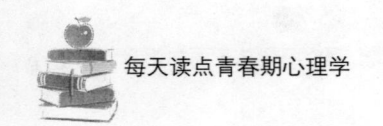

兴的她脸上顿时没有了笑容，愣了一会儿，直接从小表弟手上抢过礼物，转身就扔在地上，这还不解气，又使劲踩了几脚。我惊呆了，一向听话的孩子怎么就性情大变了呢？

有一天下午，隔壁家的孩子在我家里玩，正巧我们要准备吃晚饭了。当时还是孩子邀请对方在家里吃饭，我和她爸爸也答应了。在饭桌上，孩子给爸爸夹了一块糖醋排骨，正好邻居家孩子说："我也想吃。"于是爸爸就将那块糖醋排骨放到那个孩子碗中，孩子看到了脸色有些不对，默默低头吃饭，不一会儿，我发现孩子眼睛都红了。这孩子是怎么了？

尽管情绪不稳定是青春期孩子的心理特点，不过由于情绪的波动会给孩子的生活带来一定影响，例如影响与他人的关系、分散学习注意力，长期的恶劣情绪还会使孩子生病，所以父母要引导孩子调节自己的情绪。

小贴士

1.尊重孩子的话语隐私权

青春期孩子的情绪很受自尊心影响，特别是青春期的孩子自我意识快速发展，有着强烈的自尊心，爱面子，他们迫切希望自己有独特之处，并开始注重自己的外表。这些都是青春期孩子的共性，父母可以对此进行正面引导。在许多事情上给足孩子面子，尊重孩子的话语隐私权，别动不动就对其进行批评说教，并且随便翻他的东西。

2.别刺激孩子的情绪

青春期孩子的情感世界充满着风暴,情绪波动大。当他们赢得一点成绩,就会沾沾自喜,得意忘形;若是遇到一点挫折,就会悲观失望,甚至心灰意冷。在这段敏感时期,父母应多注意观察孩子的情绪状态,少唠叨,切忌给孩子带来新的一轮刺激。假如亲子关系不错,成为孩子最忠实的听众即可。

3.让孩子走出去交朋友

青春期孩子有着强烈的交友意识,他们渴望结交志趣相投、年龄相仿、能够互相理解、分享生活感受的知心朋友,他们也比较在意别人眼里的自己。有时候为了朋友的平衡与协调,宁愿自己受委屈,对别人的嘲笑、蔑视比较敏感。所以,父母要避免给孩子带来不公平、委屈的感觉,更不要漠视不管,需要和孩子分享交友过程中的收获,而不是挑剔指责他们交友不当。即便他所交的朋友有问题,父母的指责也没有任何效力,这样只会把孩子推到朋友身边。

4.正确看待孩子与异性交往

在异性交往方面,青春期孩子经常是既好奇又充满困惑的。有的孩子见到异性就脸红,畏首畏尾;有的孩子活泼大方,和异性朋友交往过密。假如孩子在家里与父母沟通不畅,那他很容易去找一个异性的朋友吐露心里话。这时父母不能用武力镇压,简单粗暴的打压只会把所谓的"早恋"逼入"地

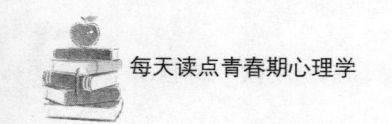

下",孩子会更加坚定地朝着相反的方向走去。面对这样的情况,不如冷处理,先了解情况,再做具体的策划,或是引导孩子正确对待异性朋友间的交往,或是帮孩子分析与异性之间的关系,当然,这些都需要事先征得孩子的同意。

青春期孩子敏感又自卑

自卑心理指的是自我评价偏低,按照心理学家阿德勒的理论,自卑感在个人心理发展中有着举足轻重的作用。阿德勒认为,每个人都有先天的生理或心理欠缺,这就决定了人们的潜意识中都有自卑感存在,而6~11岁是决定一个人心理倾向是勤奋向上还是自卑、自暴自弃的关键阶段。

青春期孩子很容易陷入典型的自卑情结,他不敢打扮是由于自我价值感很低,总觉得自己不如别人,感到自卑。而青春期孩子自卑的原因有很多,如单亲、身体肥胖、成绩不好等。有些孩子是因为自己长得胖,样貌很普通,认为自己不被异性关注,不值得打扮得漂亮,甚至过于丑化自己,形成破罐子破摔的心理。

小美家住在农村,上学都要走一小时的路程,家里条件不怎么样,父母都是面朝黄土背朝天的农民,除了按时缴纳学费和生活费，根本没有闲钱供小美穿漂亮的衣服。小美从小就自卑，总是感觉比身边的同学低一等。炎热的暑假，当同学去全国各地旅游时，她却在家里帮爸妈干农活，白净的皮肤晒黑了，这使得她更不愿意穿短袖了，每天都是朴素而毫无生气的长衣长裤。

不仅如此，小美觉得自己长得也不漂亮，眼睛不够大，鼻子不够挺，像自己这样的女孩子，怎么会招同学喜欢呢？难怪那些男同学都围绕着班里最漂亮的女孩子转。每当这时候，小美总是暗暗叹气。自卑的小美还特别敏感，她时常坐在教室的角落里，观察身边同学的一举一动。有时候，她会注意到班里最喜欢聊天的女孩围聚在一起聊着什么开心的事，聊着聊着就开始大笑起来，而且目光还不时瞟向自己。难道她们在议论我的土吗？小美总是这样猜测，因为怀着这样的想法，每次看到那几个同学，她总是带着某种厌恶感。

实际上，许多青春期孩子都会因为身体和性格的重大变化而感到惶恐。较为极端的情况就是由于身体发育与别人不同而感到自卑。大部分的青春期孩子有着强烈的自尊心和好胜心，希望得到别人的尊重和理解。

但是，有的孩子由于长期的失败经历，常常遭到不公平的待遇，因此自尊心受到严重伤害，便会产生自卑心理；逐渐长大的孩子开始用批判的眼光来看待周围的事物，对老师的简单说教，喜欢从反面思考，喜欢猎奇，容易产生固执、偏激的不良倾向，从而产生逆反心理；大部分孩子内心深处有求上进的愿望，也常常努力，不过由于他们往往不能持久，反复产生某方面的问题，又由于自身的惰性，经受不住外界的压力，当他们感到自己的身体与众不同，例如像有的孩子偏胖时，他们往往会产生与别人比较的心理，而且他们会变得特别敏感，有可能别人一个不经意的眼神和一句话，都会让他们变得更自卑。这些自卑又敏感的孩子在比较中为自以为的胖和丑感到羞愧，从而降低了自我价值感。

小贴士

1.孩子为什么自卑

忙于工作的父母在很多时候都没注意到孩子是自卑的，实际上父母应该多花点时间关注孩子，了解孩子为什么自卑。有的孩子是因为长相不漂亮而自卑，有的孩子是成绩不好而自卑，有的孩子是因为朋友少而自卑。每个孩子都渴望成为大家关注的中心，自卑的他们压抑了正常的心理需要，用另一种方式来表达自己的内心。越爱美越不敢表现美，越是想要人关注，越是不敢被人关注，从而形成典型的自卑情结。

2.帮助孩子树立自信心

在平时生活中，父母要善于捕捉孩子的"闪光点"，重视帮助孩子树立自信心。良好的自信心是成功的一半，培养孩子的自信心，父母的悉心教育和热情鼓励不可忽视。尤其注意正确对待他们，鼓励他们积极进取，遇到困难时帮助他们分析原因，给予帮助和指导，把孩子受挫的自信心重新树立起来。

3.让孩子重拾自信

心理学家认为，假如一个孩子生活在鼓励中，他就学会自信；假如一个孩子生活在认可之中，他就学会自爱。例如经常对孩子鼓励"老师今天打电话来，称赞了你""你最近漂亮了，真是女大十八变"……这样孩子就会慢慢重拾自信，变得开朗起来。

4.注重家庭教育环境与方式

青春期孩子自信心缺失，大部分原因在于家庭教育环境与方式。所以，作为父母应及时了解孩子的不良心理状况，采用适当的教育方式，注重亲子沟通。多鼓励和肯定孩子，引导孩子走出家门，多结交兴趣相投的朋友。一旦孩子在肯定中得到满足，就会增强自信心。

别人的优秀不是一种错误

在学习上，当看到有同学的成绩超过自己，心里便觉得很不舒服；当看到自己的朋友与其他同学来往密切，便会生气、心生怨恨；当别的同学获得老师的赞扬、称颂，心中便会愤愤不平、充满妒意……这都是青春期孩子常出现的嫉妒心理，很多孩子都知道这种心理是不好的，但是又控制不了自己。对此，父母应该积极做好引导工作。

心理学家认为嫉妒分为两种，一种是"激性嫉妒"，特征是应激性，来势凶猛，容易导致突发事件；另一种是"心境嫉妒"，它与心境有关，作用虽然缓慢，但是最终却会让一个人的心境变得忧心忡忡，郁郁寡欢，倍感孤寂，甚至积愤成疾。

其实不仅青春期的孩子，嫉妒是各个年龄段的人，或者说所有人的人性中共有的一个弱点。英国哲学家培根说："嫉妒这恶魔总是在暗暗地、悄悄地毁掉人间的好东西。"大剧作家莎士比亚也说："您要留心嫉妒啊，那是一个绿眼的妖魔！谁做了它的牺牲品，谁就要受它的玩弄。"

小梅是一个优秀的女孩，如果她的好朋友不曾在那一天到来。

小梅一直是班里的第一名，直到慧慧转校来的那一天。当老师带着漂亮的慧慧站在讲台上介绍时，小梅就感觉到深深的威胁，慧慧成绩好，长得又漂亮。但是小梅还是跟慧慧成为好朋友，并很快了解到关于慧慧的一切情况，慧慧的爸爸在学校当老师，家住在大城市，光这些信息，小梅就感到嫉妒。为什么人生所有的好运都被慧慧碰上了，而自己则需要付出很多的努力才获得还算可以的成绩。

于是在嫉妒心的驱使下，小梅一边跟慧慧做好朋友，一边跟其他同学讲慧慧的坏话。

黑格尔就曾经说过："有嫉妒心理的人，自己不能完成伟大的事业，乃尽量低估他人的强大，通过贬低他人而使自己与之相齐。"嫉妒心强的孩子势必会因为情绪不佳而影响学习。另外，因为强烈的嫉妒心驱使，孩子事事争强好胜，总想给别人使小绊儿，压别人一头，这样一来，也势必会在人际交往中被孤立。由此可以看出，嫉妒是一种不良的心理状态，对青春期孩子的健康发展极为不利。

青春期孩子的嫉妒具有明显的外露性，有时还具有攻击性、破坏性。孩子的嫉妒与成年人的嫉妒有不同之处，主要是不能有效地控制自己的情感。孩子直接而坦率地表露情感，根本不考虑后果。

嫉妒是一种消极的心理，是对别人在品德、能力等方面胜过自己而产生的一种不满和怨恨，是一种被扭曲了的情感。如果孩子将这样负面的心理延续下去，那孩子就难以协调与他人的关系，难以在生活中保持心情舒畅。所以父母需要针对孩子的这一负面心理，纠正孩子的嫉妒心理。

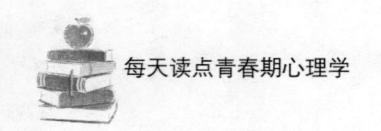

小贴士

1.孩子为什么嫉妒

父母只有了解孩子产生嫉妒的原因,才能对他进行有针对性的教育。通常孩子的嫉妒心理产生的原因有三方面:一是环境影响。假如在家里,父母之间互相猜疑,互相看不起,或当着孩子的面议论、贬低他人,会在无形中影响孩子的心理。二是孩子能力较强,不过某些方面比不上其他孩子。通常各方面都比较弱的孩子,他们会处于安分的状态,因为他们已经习惯于当弱者。而那些能力较强的孩子,就会对别的有能力的人产生嫉妒。三是不恰当的教育方式。有的父母经常对自己的孩子说他在什么方面不如某个孩子,让孩子认为父母喜欢别的孩子,不喜欢自己。这些孩子会因为不服气而产生嫉妒。

2.耐心听孩子的烦恼

孩子的嫉妒是直观的、真实的,甚至是自然的,完全不似成年人的嫉妒心理那样掺杂着许多的因素,它只是孩子对自己愿望不能实现而产生的一种本能的心理反应。所以,父母不要盲目地对孩子的嫉妒行为进行批评,而是耐心倾听他心中的烦恼,理解孩子没办法实现自己的愿望所产生的痛苦情绪,利于孩子因嫉妒产生的不良情绪得到宣泄。

3.适当指出孩子的优点和缺点

大多数孩子都喜欢受到表扬和鼓励。父母的表扬得当,可以巩固其优点，增加孩子自信；若表扬过度或不当，会使孩子骄傲，从而看不起别人。由于孩子年龄较小，自我意识刚开始萌芽，他还不会全面地看待问题，也不能正确地评价自己和别人。所以父母对孩子的品德、能力的评价应客观正确，适当指出孩子的优点和缺点，让孩子明白每个人都有长处和短处，从而帮助孩子正确评价自己。

4.引导孩子的思维方式

孩子的思维方式主要以具体形体思维为主，通常不具备对事物进行全面分析的能力。孩子往往会将自己的嫉妒简单地归于自己或所嫉妒的对象，而不去考虑其他因素。所以，父母可以帮助孩子全面分析造成孩子与所嫉妒对象之间的差距产生的原因，能否缩短这些差距，可以采用什么样的方法来缩短这种差距，以积极的方式缩短实际存在的差距，化解孩子内心的不平衡。

5.让孩子学会谦虚

一般嫉妒心理大多数产生在有一定能力的孩子身上，他们觉得自己有能力，却没有受到别人的表扬，所以对那些受到注意和表扬的孩子产生嫉妒。父母要对孩子进行美德教育，让孩子懂得"谦虚使人进步，骄傲使人落后"的道理。让孩子明白即便没有人称赞自己，自己的优点依然存在，假如继续保持优点，又虚心向别人学习，自己也会得到更多人的喜欢。

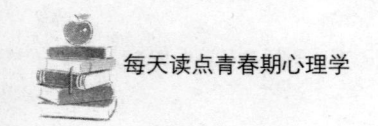

6.让孩子理解人与人之间的差异性

父母应教育孩子理解人与人之间客观存在的差异性，让孩子明白每个人有自己的优势和长处，不过同时每个人也有自己的劣势和短处。引导孩子充分发挥自己的长处，扬长避短，在生活和学习中学会正视别人的优势与长处，欣赏别人的优点，从而学习、借鉴对方的优势，以弥补自己的不足。

7.正确引导孩子的好胜心

大多数有嫉妒心理的孩子都有争强好胜的性格，父母要引导和教育孩子用自己的努力与实际能力去与别人比较。竞争是为了找出差距，更快地进步和取长补短，不可以用不正当、不光彩的手段去获取竞争的胜利，从而将孩子的好胜心引向积极的方向。

第4章

生理困惑，让孩子正视身心变化

青春期的孩子有一些生理困惑，尤其是关于身体呈现出来的诸多变化。这一阶段是孩子成长和发育发生重要变化的时期，身高突增，性器官快速发育，开始出现第二性征，他们对性开始有朦胧的意识。

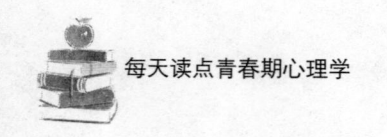

和孩子开展关于性知识的对话

北京的一所大学对4个年级的学生进行了一次随机抽样调查,从影视作品、互联网、书报、杂志上获取性知识的占81%,而从父母那里获取性知识的只占0.3%,实在少得可怜,约30%的母亲在女儿来月经之前没有告诉孩子月经是怎么回事和如何处理。很多父母没有性教育的经验,甚至自己就是性知识的"文盲",当孩子问及性知识方面的问题时,扭扭捏捏,总是说些模棱两可、似是而非的话,即便有性知识的家长,也不敢和孩子开展关于性知识的对话。

据新闻报道,英国多塞特郡普尔市一名13岁男孩和一名14岁女孩偷吃禁果后,导致这名女孩怀上身孕,生下了腹中的胎儿,男孩因此13岁就当上了爸爸,一举成为英国最年轻的父亲之一。诸如此类的事例并不仅仅只存在英国,各地层出不穷的关于少年爸爸少女妈妈的新闻,震惊了世界。

一位母亲焦急地向心理咨询师诉苦,原来自己正在上初二的孩子早恋了,当她严肃地批评孩子的时候,孩子却反问她:"我为什么不能交男朋友?"心理咨询师问她:"你对孩子进行过性教育吗?"母亲摇摇头:"这些东西怎么好对孩子说呢！"

显而易见，对孩子性教育的缺失与传统的偏见导致孩子的早恋和母女俩的对立。

中国父母在对孩子的性教育问题上有几个明显的误区：许多父母由于自己在成长过程中没有接受过性教育，因此他们按照自己的成长经验，认为孩子不需要性教育；父母对性的问题持回避以及排斥态度，他们担心说多了会诱导孩子，说少了又怕说不清楚，认为性教育是青春期教育；有的父母平时穿衣服不太注意，经常在家里穿着暴露，结果孩子耳濡目染，没有性别意识。

心理学家认为，性教育绝不是可有可无的，它的影响将伴随着孩子的一生，就好像弗洛伊德所说，你今天的状况和幼年有关。父母应该意识到儿童性教育的重要性，必须摒弃过去谈"性"色变的态度，必须改排斥为循循善诱，即便尴尬，也不容回避这个严重的问题。

在孩子青春期，尽管学校会开一些专门的课程，不过父母并不能对孩子的性教育就此停歇，反而更加需要放在心上，协助孩子度过青春期。进入青春期的年龄，女孩在10岁左右，男孩在12岁左右。

这一阶段，父母可以引导孩子通过别的方式，例如运动来释放能量，不要给青春期孩子穿太紧的衣服，如牛仔裤，建议

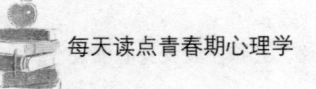

穿宽松的裤子。父母可以多给孩子拥抱、拍肩膀等动作，给孩子一些亲密的触碰，有助于减轻孩子因青春期身心变化而带来的焦虑。

小贴士

1.教给孩子身体各部分正确的名称

对于性教育，父母要教给孩子身体各部分正确的名称，这是生理方面的科学知识。假如父母不好意思直接对孩子说，最好是提供青春期生理发育的有关书籍给他看，或是和孩子一起上网查阅相关的资料。尽可能地教给孩子身体各个部分的正确名称，如阴蒂、阴唇等，这将有利于父母与孩子更精确和方便地交流性方面的问题。而身体各部分的正确名称，有助于向孩子解说什么是性侵犯，孩子也可以清楚地向父母诉说，是否遭遇过性侵犯之类的事情。

2.不要消极地等待孩子发问

有的父母觉得孩子不问这些问题，于是也从不主动与孩子交谈，实际上没必要等待孩子发问时才开始谈论。父母可以利用身边或社会上发生的事情，或是与性教育、性犯罪相关的新闻报道，以及电视情节等，与孩子一起讨论，这样就比较自然。没有必要特意严肃地与孩子谈性教育，这样双方都会感到尴尬。甚至父母也可以说说自己青春期经历的事情，向孩子阐述自己对一些问题的看法，也可以倾听孩子的一些看法，从而避免一些问题的发生。

3.向孩子坦然承认自己的无知

有时面对孩子提出的问题，确实不知道该如何回答，或根本就不知道，这也没有关系，向孩子承认自己不知道。最好的办法就是与孩子一起查资料，或是向内行人请教，去寻找答案。通过这些事情可以让父母在孩子面前树立一种诚实、好学、为孩子解决问题的好榜样。

4.父母在孩子面前做好标榜

父母应注意孩子从自己身上得到的非语言信息，例如夫妻之间的互相尊重、忠诚、共同承担家务、尊老爱幼、助人为乐、文明礼貌、诚实守信等，这些都会通过父母的行为传递给孩子。

5.尊重孩子的隐私

隐私的概念应该从对孩子进行性教育时起就灌输给他，告诉孩子，生殖器是人的隐私部位，在没有得到自己允许的情况下，其他人无权看或摸这个部位，告诉孩子不要摸其他人的生殖器。这意味着尽可能早地尊重孩子的隐私愿望，当他们长大时就应完全尊重他们的隐私。即当孩子上学时不要搜查他们的房间，不要偷看他们的日记和信件，不要背地里监视他们。允许孩子有他们自己的想法和做法，也可以有自己的小秘密。

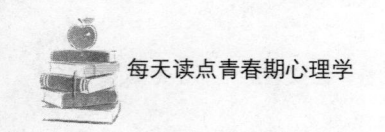

6.引导孩子做决定

发展孩子做决定和自我判断的能力是性教育的一个十分重要的内容。孩子做出的有关性的决定,多数情况下是自己私下里做出来的,即父母并不在场。随着孩子年龄的增长,遇到的情况和做出的决定也会变得更加复杂,例如与什么样的异性交往、怎样交往、如何尊重和保护同性朋友等,都需要平时父母潜移默化的影响。在青春期前或青春期多数孩子将面临着与性有关的情境而不得不做出决定,他可能需要知道:什么是一个完全的约会或郊游,什么情境潜伏着性侵犯的危险。对一些情境如何做出较好的抉择,将部分取决于他成长过程中发展起来的技能和信心。

教给孩子一些正确的避孕常识

少年型的性行为对少女的直接后果是导致怀孕,未婚少女人工流产已成为一个社会问题。1990年有家杂志报道了一件令人痛心的消息,一个少女一年内人工流产四次,第四次因子宫刮得太薄,大出血,死在手术台上。目前青少年非婚的性行为日益增多,尽管社会采取了一些教育措施,但收效甚微。既然对非婚的性行为难以控制,与其让生殖机能刚刚发育的少女一次再次地被迫人流，伤害身体，还不如教会其避孕的方法，使她们懂得怎样保护自己。

随着人们思想观念的改变，发生婚前性行为的现象越来越普遍，且发生初次性行为的年龄也越来越小。但是由于对避孕知识的缺乏，不少少女都不懂得该如何保护自己，在性生活的时候没有采用避孕措施，使自己意外怀孕，给女孩的身心带来双重的伤害。为了避免这些情况的发生，父母有必要教给孩子一些正确的避孕常识。

9月26日是世界避孕日，北京某医院计划生育科主任陈女士却透露，她遇到的做人工流产手术年龄最小的女孩只有12岁；曾经一天做了5台手术，上手术台的女孩都不到20岁，简直就是少女专场。曾经有一个14岁的中学生，怀孕后自己偷偷进行药流，结果流产没成功，等到怀孕四五个月的时候，妈妈才发现。到了医院只能做引产手术，对女孩的身体伤害很大。

曾经有专家提出"家长要在孩子的书包里放避孕套"的观点，且不论这种观点是对是错，但可见父母对孩子性行为后果之担忧。避孕方式选择不恰当，最大的麻烦就是避孕失败，失败只好选择流产，这对年轻女孩的健康影响非常大，将来不仅可能引起不孕，还会对其子宫有影响等。

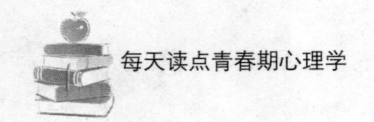

> **小贴士**

1.避免性行为

避孕知识的教育是为了弥补性行为产生的严重后果，然而，作为父母还是需要再三向孩子强调，青春期是不可以有性行为的，并告知孩子一些早期性行为的危害，尽量杜绝此类事情的发生。若孩子真的有性行为，则告知他一些必要的避孕知识。

2.告诉孩子避孕套是最佳选择

曾有机构对20岁左右的大学生做了一次随机调查，当问及"你知道有哪几种避孕方法"时，回答得最多的答案是避孕套，另一个就是紧急避孕药。16岁以下的青少年处于特殊的人生阶段，各方面发育不健全，不宜用内服避孕药，避孕套是最佳选择。

3.告诉孩子一些避孕套的知识

也许，青春期孩子对避孕套还很羞涩，除了在老师、书本那里了解到的有限知识以外，似乎对它相当陌生。作为青春期孩子，无可避免地会接触到与性有关的活动，甚至可能会有性行为，那么对于这样一个危险的行为，避孕套能够对双方起到一个保护的作用。因此，父母应该教给女孩避孕套的知识，以免孩子使用不当而给自己身心带来伤害。

第4章　生理困惑，让孩子正视身心变化

女孩子的第一次初潮

青春期的孩子有了月经初潮这样的生理变化，于是，那位被称为"大姨妈"的每个月都会光顾她们，而肚子痛则是月经引起的痛经，这是一种正常的生理反应。月经，又称作月经周期，是生理上的循环周期。育龄妇女和灵长类雌性动物，每隔一个月左右，子宫内膜发生一次自主增厚，血管增生、腺体生长分泌以及子宫内膜崩溃脱落并伴随出血，这种周期性阴道排血或子宫出血现象，称为月经。

现代女性月经初潮平均在12.5岁。绝经年龄通常在45～55岁。女性达到青春期后，在下丘脑促性腺激素释放激素的控制下，垂体前叶分泌刺激素和少量黄体生成素促使卵巢内卵泡发育成熟，并开始分泌雌激素。在雌激素的作用下，子宫内膜发生增生性变化。卵泡渐趋成熟，雌激素的分泌也逐渐增加，当达到一定浓度时，又通过对下丘脑垂体的正反馈作用，促进垂体前叶增加促性腺激素的分泌，且以增加黄体生成素分泌更为明显，形成黄体生成素释放高峰，引起成熟的卵泡排卵。

今天上午我因为昨晚夜班正在家休息，突然被一阵门铃声惊醒了。开门后，看见孩子被一个女同学搀扶着送回家来了。只见孩子紧皱眉头，还小声地呻吟着，腰都直不起来。听女同学讲原来是孩子来月经肚子疼得厉害，所以老师让她把孩子送

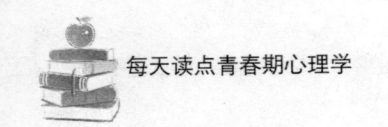

回家来，看得出孩子很痛苦，我也很心疼，请问我该怎样帮助孩子度过月经期的烦恼呢？

由于黄体分泌大量雌激素和孕激素，血中这两种激素浓度增加，通过负反馈作用抑制下丘脑和垂体，使垂体分泌的卵泡刺激和黄体生成素减少，黄体随之萎缩因而孕激素和雌激素也迅速减少，子宫内膜骤然失去这两种性激素的支持，便崩溃出血，内膜脱落而月经来潮。

月经又称为月事、月水、月信、例假、见红等，因多数人是每月出现一次而称为月经，它是指有规律的、周期性的子宫出血。另外，还有一些对月经的俗称，如坏事儿了、大姨妈、姑妈、好事、倒霉了等。

曾经有个孩子在上体育课时裤子渗出了血迹，由于大家对这方面的知识实在很少，班里的孩子几乎没有过这种经验，可怜那女孩就这样被大伙围着，连自己都不知道发生了什么事，还以为自己受了伤，最后急得哭了起来，后来还是老师帮忙解围。但是后来那位孩子变得很自卑，因为早熟，她在同学的眼里好像成了异类，每次来月经时总是偷偷摸摸像做贼一般。这个案例告诉我们，一个孩子的初潮是很重要的时刻，作为父母，尤其是作为孩子知心朋友的母亲应该帮助孩子度过这个关键时刻。

第4章 生理困惑,让孩子正视身心变化

> **小贴士**

1.让孩子多休息

假如孩子有痛经的症状,母亲应赶快让孩子睡到床上,给她灌一个热水袋放在腹部,必要的时候可以取止痛药让孩子吃下去。同时母亲再用手揉孩子的下腹部,这样通常可以缓解孩子的痛经。

2.让孩子正确应对月经

许多孩子都明白,月经是正常的生理现象而不是病态。不过,却很少有女孩用愉快的心情迎接它。孩子通常会抱怨"倒霉了!烦死啦!"母亲应引导孩子把月经看作值得高兴的事情,月经周期规律正常,是一个女孩的福音,是她健康和成长的标识。让孩子意识到自己将慢慢变成大人,担负起社会责任,不仅可以照顾到自己,还应照顾和体贴他人。让孩子懂得体谅母亲的辛苦操劳,想到为母亲或朋友分忧解难,以这种责任感的成熟心理面对每月的"好朋友",会让孩子变得自豪而愉快,而且还可以减轻"经期紧张综合征"。

3.引导孩子了解经期生理、心理卫生知识

有的女孩在经期会出现规律性的症状,心烦意乱,容易生气或比平时更爱哭,孤僻多疑,喜欢生气,这与经期人体植物神经紊乱,造成雌激素的代谢及盐、水代谢紊乱有关。对于这些知识,母亲应该帮助孩子去了解,让孩子明白自己这种周期

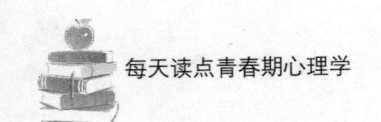

性的情绪波动属正常现象，有了心理准备，就会在克制和预防上取得满意的效果，就不会太过于烦恼。

4.教孩子懂得加强自我保护，注意经期卫生

告诉孩子经期不食生冷食物，注意保暖，特别是秋冬季节的脚部保暖。避免过度劳累，不下水游泳，上体育课必要时请"例假"，适当休息。假如出现腹部腰部绞痛，洗个热水澡或做一些温和运动，必要时去医院诊治。

5.引导孩子正确使用卫生巾

母亲要告诉孩子不购买菌群超标的低劣卫生巾，使用时应将底部的胶质贴紧在内裤上，防止身体活动时移位。若经血量多时可再套一条内裤，防止弄脏外裤的尴尬。经期需要经常更换卫生巾，避免细菌对外阴部的感染，用过的卫生巾不要随意乱抛，应用卫生纸包好再扔进垃圾桶。

教育孩子自我防范性侵害

近年来，儿童遭到性侵害的案件屡有发生，特别是对女童私处的侵害，一次次血与泪的教训告诉父母，从小就要教育孩子自我防范性侵害，学习保护自己的身体。

青春期是一个幼儿长成成年人的过渡期，是人一生中的第

第4章 生理困惑，让孩子正视身心变化

一个关键时期。在这个时期，孩子的身心发生巨大变化，这些变化很多是由性生理的成熟引起的，及时地、科学地对他们进行性教育，对于帮助他们顺利地度过青春期，健康地走进成年期，是十分重要的。

这是一篇女生的日记：我与班上的一名男生是"好哥们"，因为我们平常一块儿坐公车上下学，一块儿探讨不懂的难题，一起聊天，一起玩。然而班上的一些同学开始谣传，说什么我是他的"女朋友"。然后，每天都对我说："你男朋友呢？"弄得我很生气、很烦，有好几次都想打那些人，不过我是很理智的，只是告诫他们不要再说了，可他们不听。谁能帮助我，我该怎样处理这件事？我不知道为什么总爱和男孩子在一起玩，其实根本没有别的意思，只是普通朋友，谁能理解呢？为什么我的家长那么反对，我经常和他们谈，也尽量减少与男生的来往，可无济于事。

在少女性心理发展的每个阶段，都呈现出一种非常复杂与矛盾的心境：既关注异性的举止神态，希望得到异性的青睐，而又把这种愿望埋在心底，表现出拘谨与淡漠、矜持与羞怯。她们需要倾诉而又找不到知音，依赖性较强的少女此时更需要父母的关怀和帮助。

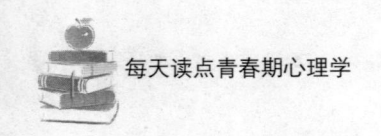

小贴士

1. 避免孩子进入性心理自发不良倾向

青春期孩子性心理自发地发展，可能出现两种不良倾向：

第一种是受性本能、性心理的驱使，出于无知和好奇，过早地进行性体验和性尝试。在青春期性萌发的初期发生性关系，它可以出现两种情况，一是受封建贞操观的影响，认为自己已是不贞不洁的人，从此背上沉重的悔恨的包袱，抬不起头来，或者破罐破摔，糟践自己；二是性欲过早的启动，形成性欲的猛烈递增，出现性亢奋，陷入追求性享乐的状态。

第二种是一些少女视青春期出现的性心理为丑恶，产生强烈的羞耻感和罪恶感，把自己看作下流的人，她们形成闭锁心理，孤僻、自卑、内向。她们的性心理受到严重的压抑，以至日后无法与异性进行正常的社会交往，也无法进入婚姻生活。

对此，父母可以告诉孩子：人的性心理的成熟有赖于性生理的成熟，而性生理的成熟并不意味着性心理的成熟。性心理成熟的标志是性行为的发生，是以性爱作为基础，灵与肉、性与爱的结合。性心理的成熟需要有一个过程，需要两性间不断地调整适应，尤其是情感的不断升华，才能达到完美的境界。

2. 对孩子进行性伦理教育

传统的性伦理观，把爱情作为性结合的基础，排除经济等派生因素对性关系的干扰。它是社会感、责任感、尊重感、道义感与幸福感的综合体，把情感、理智与性爱结合起来，从而提高和丰富人们的精神生活，使异性在相互的交往中获得充分的享受、充分的爱。这样的性伦理观使人变得崇高、积极、振奋，而不是卑微、自私、猥琐。在孩子人生观开始形成的青春期，父母需要给他们灌输这样的性伦理观念，有助于他们分清是与非、美与丑、善与恶，建立起道德感和羞耻感。性伦理观念会使他们有与异性交往的行为准则，自尊自爱，端庄大方。对着来自体内的青春的骚动，他们能够用理智管束自己。而对来自社会的性刺激、性骚扰，他们能够洁身自爱，不随波逐流，表现出较强的自制力。

3.让孩子尽早了解一些性交和避孕方面的知识

父母可以让孩子尽早了解一些性交和避孕方面的知识，不过并不等于允许他们过早地这样做。父母既需要让孩子知道"性交、避孕"是怎么回事，更要让孩子懂得过早这样做有害无益。假如父母只是简单地向孩子强调"你还小，不能那样"，反而会引起他的反感。

4.善于回答孩子提出的性问题

父母对青春期孩子应增加性问题方面的透明度，切忌对孩子的好奇心横加指责，而应通过循循善诱来抹掉孩子心理上对性问题的神秘感，引导孩子正确对待性问题。

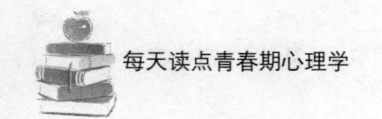

5.帮助孩子培养兴趣爱好

父母可以帮助孩子培养多种兴趣，发展广泛的爱好。如音乐、体育、舞蹈、艺术等多方面的兴趣爱好，可以分散孩子对异性的注意。此外，也可以鼓励孩子从事一些力所能及的劳动，帮助其分散注意力。

6.父母要多关心孩子

孩子进入青春期以后，父母的行为特别要注意。父母的关心爱护可以给孩子安慰，否则孩子有可能倾心于其他异性，并从其他异性那里寻求安慰。

7.与孩子约法三章

父母不可能把孩子长时间地关在家里，过多的限制往往会引起孩子的反抗。有的父母试图通过禁止孩子与异性交往来防止性问题的出现，其实这是不恰当的。聪明的父母可以与孩子约法三章：父母不在家时，不能把异性朋友带回家；孩子的舞会应有大人陪伴参加；在舞会场所不喝酒及有刺激性的饮料，以防不测。

8.教育孩子努力创造美好的未来

父母应该让孩子懂得，青春期要集中精力去增长知识才干，为美好的未来打下基础。同时，让孩子明白，一个人只有在心智发育成熟后再去考虑性问题，性生活才会美满。

让青春期孩子正确认识性幻想

一个孩子呆坐在沙发上，或躺在床上，或在课堂上走神……青春期孩子就这样开始了自己的性幻想。孩子幻想中的异性或许是孩子的同学、亲属、邻居、某个明星人物、根本不认识的陌生人，而网络、电视、电影、小说、广告、画报中的性信息会反映在孩子的性幻想中。

性幻想又称为"性想象"，是一种含有性内容的虚构想象。性幻想是普遍存在的，而青春期又是性幻想的活跃时期。对青春期孩子来说，性幻想的产生是性发展成熟的自然表现。进入青春期，由于生理发展，性发育成熟，性激素达到一定程度，性欲使人自然地萌发各种性想象。对性的好奇和追求使青春期孩子对异性的爱慕十分强烈，但这种性冲动无法通过其他性行为来释放，于是便把自己曾在书籍、影视及网络中所看到的两性镜头，经过大脑重新组合、加工，编成自己参与的性过程。可见，性幻想是青春期性本能的发泄形式之一。

孩子13岁，对性知识挺好奇的。有一天，我在她的铅笔盒里发现一张小画，正面是女人的裸体，连胸部和下体都画出来了，背面是女人的整个背部，一个男子手里拿着一个尖东西正对着女人的臀部。我找了一个机会去问她，她说自己好奇，画着玩的。尽管当时我已经有所察觉，但也不好意思再问下去。

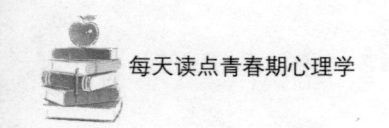

有一次我在家里打扫卫生的时候，发现孩子写了一篇小说，小说里全是赤裸裸的男女性交的过程，非常淫秽，不堪入目。我当时既震惊又害怕。孩子是品学兼优的好孩子，我担心她做出不理智的事情，我该怎样做呢？

虽然我们可以理解青春期孩子的性幻想是正常的，但是却有许多孩子为此而困扰，甚至出现严重的心理问题。青春期孩子都会害羞于自己的性本能，觉得性幻想是肮脏的事情，害怕自己会因此而变坏，于是对自己的性本能过分压抑，最终导致一些或轻或重的心理问题，有些甚至导致神经症或心理疾病。像这样的状况主要是由于青春期孩子对性的恐惧，他们一方面是受到旧的文化观念的影响，另一方面是由于缺乏对性的科学认知。所以，如何来解决青春期孩子因性幻想而带来的心理困扰，就必须让青春期孩子正确认识性幻想，并能恰当地处理自己的胡思乱想。

当父母发现孩子有了性幻想之后，不要用道德标准来评判孩子这个行为，不可以羞辱、打骂、训斥、贬低孩子。正确的做法是引导孩子阅读具有较高的人文水平的书籍，提高孩子的文学艺术审美水平，分散孩子的注意力。

小贴士

1.对孩子进行开明而谨慎的性教育

对待性教育，父母应开明而谨慎。父母首先要重视孩子青春期的性生理和心理变化，理解他们在这一阶段的冲动和压力。另外，应该给孩子在性教育方面以正确的引导，避免他们因过分好奇而想去尝试，甚至误入歧途。

2.正面引导孩子

父母应通过教育正面引导孩子，让孩子学会控制感情，明白性行为可能招致的后果，从而避免发生性行为。提高孩子对正确的性态度和正确的性行为的认知，让他们懂得性行为道德规范和自我控制的意义。

3.引导孩子懂得控制自己的情感

父母要引导孩子认识性的科学知识，性本能释放的大部分能量可以转化或升华为学习和工作目标，可以用来改善自己的生活，而性幻想是性本能释放的形式之一；与异性接触中，应自然、坦率、友好地交往；不要看有色情内容的录像带和碟片；多参加些文娱和体育活动，使充沛的精力得到有益的释放；由于青春期孩子涉世不深，辨别能力弱，容易受社会环境的影响，因此择友时应谨慎。

4.引导孩子正确面对性幻想

性幻想出现时，父母可以教孩子对自己暗暗地说："处于青春期的我，有这样的想法很正常。下面我要认真地看书。"引导孩子不要过分地纠缠于自己的性幻想，不过分否定也不过分沉溺，有适当的自我控制而不过分抑制，从而减轻性幻想对孩子生活的影响。

第 5 章

挫折教育，读懂孩子的脆弱

青春期孩子是脆弱的，虽然他们在叛逆时看起来不可一世，但其实他们的内心是异常脆弱的。父母的一次训斥，一次考试的失利，一次很小的挫折，都可能给他们内心造成不可磨灭的阴影。对父母来说，对孩子进行适时的挫折教育是很有必要的。

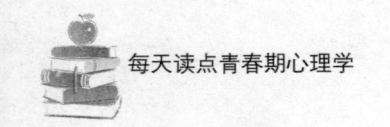

青春期是一个破茧成蝶的过程

青春期是一个成长的过程,也是一个"破茧成蝶"的过程,孩子在这一阶段,必须一个人去承受成长过程中的烦恼与挫折,必须接受种种的人生考验。这样的挫折在父母看起来是十分微小的,但却成为孩子心中的困扰。

也许是非常重视的一门功课或一次比赛,不小心搞砸了;也许是孩子正急着往学校赶,但自行车链条却突然断了;也许是向老师热情地打招呼,但他却对你不理不睬;也许是上课时,积极地举手发言,但老师总是提问别人。这样一些看似微不足道的事情,却时时困扰着青春期的孩子,甚至让孩子感到不知所措。就如同孩子在最希望参加的篮球赛的训练中意外受伤,那时候他觉得无奈、无助、灰心丧气,不知道自己该怎么办。其实,挫折是人生道路上必须经历的过程,也是孩子成长的一个过程,只要孩子战胜挫折、直面困难,就能健康地成长,成为坚强的人。

学校准备举办高中部篮球赛,最终胜出的班级将代表学校与另外一所中学比赛。面对这样一个大好机会,每个班都在抓紧时间训练,林波作为班上篮球队的坚实后卫,表现得比谁都热心。每天中午，他都会和小松召集班上的球员一起练球，共同谈论一些比赛事宜。离比赛的日子越来越近，林波越发兴奋，经常在睡梦中都梦见自己驰骋在篮球场上。这天，林波和球员们如往日一样练球，谁知他一不小心跌倒了，直接趴在了水泥地上，当时腿部就流血不止，班上同学七手八脚地把他抬到医务室。经过简单包扎之后，他回到教室，面无表情，想起刚才医生的话："你这伤口虽然不大，但是这些天会影响你的跑步，最好不要参加剧烈活动，好好休息，才能康复。"从医务室出来之后，小松就拍拍林波的肩膀："好兄弟，你就好好养伤，做我们最坚实的后盾。"林波明白，看这样子，自己是不能参加比赛了。

回到家之后，面对爸妈关心的问候，林波没有太多的言语，一个人坐在沙发上发呆。这次比赛是一个难得的机会，也是自己中学生涯最后一次比赛，因为进入高二之后，学业加重，根本没有时间去打球。所以，林波一直希望能正式地参加一次比赛，这对于自己的篮球生涯也是一个完美的结束。可没想到，偏偏出了这样的事情，林波一下子无法接受，特别是想到操场上训练的身影里已经没有自己，他忍不住趴在桌子上，流下了无奈的泪水。

爸爸看着伤心的林波，没有说话，也没有安慰，因为他相信孩子能够凭着自己的力量从悲伤中站起来，他需要做的就是

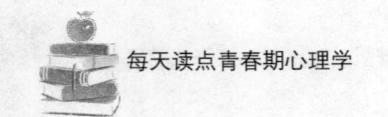

陪伴着孩子。第二天中午训练的时候，同学来到教室找林波，兴奋地跟他说："林波，跟我们一起训练吧，小松说你现在可以作为我们的教练，跟我们一起参加比赛。"林波有些惊讶："可我，我这样子……"同学安慰着说："没事，你陪着我们，我们就一定会胜利的。"于是，在同学的搀扶下，林波慢慢走向了篮球场。

人生漫漫长路，似乎没有尽头，所以人生中的挫折对我们的考验也是没有尽头的。在人生的旅途中，总是有一些挫折和困难在等着我们，尤其在青春期，本来灿烂的天空总是会飘来朵朵阴云。

小贴士

1.青春期本身充满困惑和冲突

青春期，对于每一个孩子来说都是一个美好的时代，是一个快乐的时代，也是一个绚丽多彩的时代，更是一个困惑和矛盾冲突的时代。处于青春期的孩子，生理发育逐渐成熟，但心理上的成长却落后了，形成一个尴尬的局面。

2.引导孩子正确应对挫折

当考试失败、失意等烦恼一个接着一个地到来，似乎带着一种青春期这个年龄无法承受的压力，这些问题张牙舞爪地在你面前嚣张着。其实，命运对每一个人来说都是很公平的，没有谁可以一帆风顺，总会碰到这样或那样的挫折，经历这样或那样的困难历程。有的人在挫折面前选择逃避,有的人则选择勇敢面对,这其实也是失败者与成功者的区别所在。

3.适时鼓励孩子

父母当然希望孩子能够健康成长,希望孩子在遇到挫折的时候能够勇敢面对,这时候,逃避、妥协都不是办法,只有勇敢面对,找到解决问题的办法才能更好地成长。也许,这样的过程是痛苦的,但是只要勇敢,只要有毅力,只要父母适时鼓励孩子,那么孩子一定能够迈过难关,迎向成功的方向。

青春期孩子所面临的逆境

在孩子的学习与生活中,经常会遇到一些小挫折。例如,在某次测验中,成绩不理想;在某次集体活动中,把表演搞砸了;在体育竞赛中,由于自己的失误而拖累班级输掉了整场比赛等。诸如这样的小挫折,孩子几乎每天都会遇到,当然,有的孩子出生在贫困的家庭,不能穿好的、吃好的、玩好的;还有的孩子小时候就失去了妈妈或爸爸等。无论是小挫折还是大挫折,只要孩子能够以正确的心态去面对它,就能够战胜它,最后发现它其实并不是那么可怕。孩子需要通过正确看待挫折来提升自己的逆商,给予自己战胜挫折的力量。

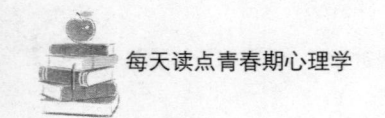

对孩子来说，逆境或许是社会的一种选择机制，看你能否经受逆境的考验，能够通过考验的人会脱颖而出，从而赢得人生的成功。所以，逆境可以说是我们人生的一个分水岭，有的人会被逆境打倒，变得颓废消沉，而有的人则从逆境中崛起，努力拼搏，那么他的人生和事业就会进入一个全新的境界。

挫折是孩子遇到无法克服的困难，不能达到目的时所产生的情绪状态，人的一生可以说是与挫折相伴的。困难和挫折，对于成长中的孩子而言，是一所最好的大学，如果父母给孩子过分的溺爱和保护，让孩子缺少参与、实践的机会，缺乏苦难的磨炼和人生的砥砺，那么，孩子的心理承受能力就会十分脆弱，遇到一点点挫折就灰心丧气、自暴自弃，从而失去信心。

小贴士

对于孩子来说，他们的逆境是在学习和生活中受挫，那他们的受挫原因大致有哪些呢？

1. 心理承受能力较差

许多父母为了帮助孩子创造一个良好的学习氛围，不让孩子吃一点苦、受一点委屈，认为孩子的任务就是学习，其他所有事情都由父母包办。父母将孩子在家庭范围内承受挫折磨炼的机会降低到了最低。尽管这样的父母是用心良苦，不过结果却往往是适得其反的。因为对孩子的过度关心、过度保护、过度限制，让孩子缺少磨炼，最后让其形成一种无主见、缺乏独立意识、依赖父母的心理。这样的孩子一旦遇到逆境就会束手无策，心灰意冷，心理承受能力很低。

2.人际关系方面的困扰

随着孩子的心理发展和自我意识的增强，他们强烈地渴望了解自己与他人的内心世界，所以产生了相互交换情感体验、倾诉内心秘密的要求，他们希望得到别人的理解、尊重、信任。不过有的孩子因为个人特点造成在人际交往上的障碍，自以为是，不能清楚地了解自己的不足，结果让他们在人群中很不受欢迎，这样的孩子容易感到孤独。

3.多角度看待挫折

正确看待挫折，要善于开阔自己的视野，以宽阔的胸襟，从不同的角度去看待、观察事物。正如诗中所说，"横看成岭侧成峰，远近高低各不同"。对待挫折也是一样，不同的目标，不同的角度，会产生不同的结果。有的孩子在一次考试失败后就一蹶不振，那么下一次他一样会失败；有的孩子面对超低的分数，能够勇敢面对，最终获得成功。当孩子在生活或学习中遇到挫折，父母要想办法引导孩子看开点，放眼看去，它不过是我们漫长生命历程中一个微不足道的黑点，没有必要陷入失败的痛苦中去，而是应该吸取教训，努力向前走，"失败乃成功之母"，让孩子从哪里跌倒就从哪里爬起来。

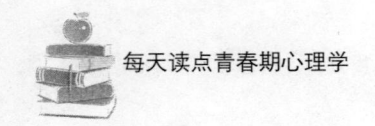

4.学习上的烦恼

父母大都望子成龙心切,对孩子提出很多不符合他们身心发展规律的过高期望,再加上频繁的考试、测验、作业、学业竞争,从而增加了孩子的心理压力,让孩子不敢面对失败。沉重的学习负担和强大的思想压力,让孩子精神非常紧张,长时间处于焦虑不安之中。

5.情感上的困扰

孩子情绪情感的深刻性和稳定性尽管在发展,不过依然有外露性,他们比较冲动,容易狂喜、暴怒,也很容易悲伤和恐惧。对孩子来说,情绪来得快,去得也快,顺利时得意忘形,遇到挫折就垂头丧气。孩子的理智和意志比较薄弱,不过欲望却较多,假如家里不能满足其要求,孩子就会产生一些不良的情绪,他们会忍不住发脾气。

6.增强自信心

如果孩子擅长某一方面,就会在这一领域里有着充分的自信,这可以帮助孩子更好地面对来自其他方面的挫败感。在学习中,父母要善于引导孩子发现自己的优势,最大限度地发挥自己的长处和优势,努力表现自己,体现自身价值。孩子在自己所擅长的某方面体验到成功,看到了希望,就能帮助他们找回丢失的信心。

7.善于调节心理

父母可以让孩子学习一些缓解心理压力的常识与小窍门，这样便于他们在遇到挫折时能够进行自我调节。例如，当孩子出现紧张、畏惧的情绪时，父母可以提醒他们深呼吸几次，忘记这是在比赛，把比赛当作日常生活中的一项运动，并以放松的心态来迎接挑战等。而且，通过调节心理来合理宣泄心理压力，这样能有效控制"输不起"的心理。

面对考试失利，如何调整心态

处于青春期的孩子，也正处于学习的一个重要时期。每天面对的是升学问题，还有大大小小的考试，这似乎一直困扰着他们。特别是在考试失败之后，一股失望的情绪就会涌上心头，觉得自己很没用，没有能力。那些老师描绘出来的蓝图，还有理想的大学，似乎都已经渐渐远离自己的视线。看着糟糕的成绩，没有比沮丧更能形容孩子的心情。

假如孩子在新年联欢会上表演出错或做算术题全班倒数第一，孩子会说"以后再也不会上台表演了，免得当着那么多小朋友出丑""真希望永远不再做算术题了""我只不过事先没有排练或偶尔粗心罢了，下次我好好做准备，超过别的小朋友绝对没问题"。孩子的这些面对挫折的心态，并不是与生俱来的，而是经历了逆境慢慢形成的。犹太人认为，假如父母能成功地引导孩子认同第三种态度，让孩子保持"我一定能战胜困难"的热情和信心，那就是给孩子一笔巨大的人生财富。

第一学月测试之后，孩子陷入失败的痛苦之中，虽然爸爸安慰了孩子，但还是弥补不了孩子心中那种失望、难过的情绪。以前，无论哪次考试，孩子虽然不能名列前茅，但成绩一直都在前10名左右，这次不但跌出了前10名，而且落到30名以外。这样的现实，孩子一时接受不了，而且考试成绩公布出来之后，他发现自己的好朋友从以前的20名左右一跃进了前10名，这让他更觉得自己太失败了。班主任老师也把他叫到办公室："孩子，我一直看好你呢，希望你好好努力，争取进入前5名，到时候考进重点大学肯定是没问题的，可你这次是怎么回事，居然滑到了30名以外，这样下去，不但重点大学毫无希望，连上个本科都成问题了。"听着老师严厉的话语，孩子心里更是一团糟。

晚上回到家，虽然拿着书包进了书房，但孩子的心就是静不下来，拿着书本发呆。爸爸走进来，看着发呆的孩子，温和地劝慰："还在为考试失利而伤心吗？"孩子点点头，爸爸拿着孩子的书本："一次考试不算什么，下次努力就是，不是说失败是成功之母吗？"孩子有气无力地说："我怕我再也爬不起来了,爸爸,我该怎么办?"爸爸拍了拍孩子的肩膀:"孩子,你是一个勇敢、聪明的孩子,爸爸希望你一直都是这样,这只是一次小测验,离高考还有很多次测试,这一次的结果证明不了什么,以后的每一次测试,你如果都能进步一点点,那么成功离你就不远了。爸爸相信你,一定能重新拿回属于自己的成绩。"听了爸爸的话,孩子认真地想了想,事情好像真的是这样。爸爸又说:"范仲淹不是说'不以物喜,不以己悲'吗,对任何事情都是这样,以一颗平常心对待,才能够面对人生中的失败与挫折,也才能有重新站起来的勇气。"孩子只觉得心里振奋不已,马上打开书本认真地看了起来。

遇到挫折,孩子第一时间想到的是老师和父母的谆谆教诲,越想越发觉得自己彻底失败了,已经不能重新站起来。于是,青春期的孩子在考试失利面前一蹶不振,陷入失败的痛苦之中,精神不振,整日为成绩而忧心。其实,父母需要告诉他的是,失败并不能说明问题,没有到最后,谁也不能说你是不行的,所以,从哪里跌倒就从哪里爬起来,做一个铁铮铮的男子汉。

父母总是容易犯这样的错误,在一些比赛中,孩子失败了在哭,父母在一边心疼,于是走向前安慰孩子:"我们认为你是最好的。"父母以为孩子会停止哭泣,不过刚好相反,孩子哭得更厉害了。孩子因为失败而难过的哭泣变成了认为裁判不

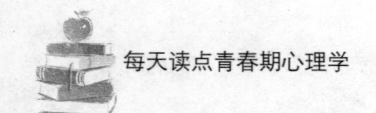

公平的哭泣，最严重的是孩子想法的转变，孩子会想："我是最好的，老师是不公平的，我再也不要参加比赛了。"这样一来，孩子会更加认为自己没有输，开始抱怨别人的不公平，最后将自己的失败归在他人身上。父母应该引导孩子正面对待失败，并从失败中吸取教训，这次输了，是什么原因导致的，是因为太紧张吗？是准备不够吗？这样才有助于孩子养成正确面对失败的良好心态。

小贴士

1.考试只是人生中的小事

考试的失败只是一件小事而已，当孩子长大成人，会发现生活中还有许多困难与挫折在等着自己，这样一比较，会觉得一场测试真的是一件微不足道的事情。人生漫漫长路，不可能一帆风顺，总是有着这样或那样的挫折与困难，而当孩子在面对这些困难与挫折时，难免会有失败，这是必然的。

2.引导孩子正确看待失败

父母要引导孩子学会怎么去接受失败，让孩子知道"失败是成功之母"，没有一个人总是站在成功的位置，同样的道理，也没有一个人总是处于失败的境地。失败并不算坏事，毕竟可以从失败中吸取教训，而这些足以让你重新取得成功。所以，要以一颗平常心来对待考试中的失利，把每一次失败都当作一次尝试，不断地尝试，你才有可能成功。

3.培养孩子淡定的心态

在语文教材里学过"不以物喜,不以己悲",这是一代文学家范仲淹的名言。凡事都有可能面临失败与成功,而我们需要做的就是保持良好的心态。如果孩子比较浮躁,那么在面对成功的时候,有可能会欣喜若狂,萌发出骄傲的情绪;面对失败的时候,有可能就会灰心丧气,甚至一蹶不振。这样的心态都是不端正的,孩子有可能因为骄傲而狠狠地跌倒,也有可能因为灰心而从此再也站不起来。所以,最好的心态就是拥有一颗平常心,这样孩子会在成功面前保持谦虚的态度,在失败面前依然充满信心。

4.不能全权包办

许多父母希望给孩子铺一条平坦的路,这是很不现实的,这样往往会影响孩子的交往能力,同时不利于孩子良好意志品质的形成,还会造成孩子长大后难以适应社会生活,容易产生自卑、抑郁等不良心理。孩子如果在交往中遭遇挫折,父母不要觉得孩子是受了很大的委屈,忙着解决困难,而是应该给孩子锻炼的机会,让孩子在经受挫折、克服困难的过程中不断提高交往能力。

5.避免嘲笑孩子

孩子缺乏社交经验,在交往中容易遭遇挫折,这是难以避免的。父母不应该嘲笑孩子,或者责怪孩子的错误,而应该注

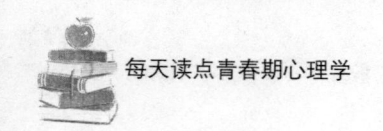

意培养孩子胜不骄、败不馁的品质，在克服困难方面给孩子树立良好的榜样。

6.避免过度的挫折教育

父母给予孩子的挫折教育要注意适度和适量，为孩子设置的情境需要有一定的难度，能引起孩子的挫折感，不过又不能太难，应是孩子通过努力可以克服的。同时，让孩子面临的难题不应该太多，适度和适量的挫折可以让孩子调节心态，正确地选择外部行为，克服困难。过度的挫折教育会挫伤孩子的自信心和积极性，让孩子丧失兴趣和信心。

引导孩子合理排解青春期压力

青春期的孩子，面临着人生的转折点、家长的期望、老师的谆谆教诲，这些都形成一种强大的压力，沉重得使孩子透不过气来。甚至，有的孩子因为学业过重、压力过大，选择结束自己的生命。其实，这样的孩子一方面因为心理承受能力比较弱，另一方面是社会、学校、家长所施加的压力过重的缘故。作为一个即将升学的孩子来说，有压力是正常的，如果没有压力哪来的动力，没有压力，就不能促使你学习，不能促使你向前进步。所以，作为青春期的孩子，首先应该承认压力的存在，而不是选择逃避，应该正视这样的压力。

　　学习进入正轨之后，陆丰逐渐摸索出自己的一套学习方法，每天合理安排自己的时间，在这样的忙碌之后，即将迎来第二次测试。第二学期由于特殊情况没有进行测试，所以这一次测试就被列为期中测试，老师和学校似乎都很重视这次测试。小胖子不知从哪里听来了小道消息，说这次测试的成绩会作为分班的一个标准，分班就是分为尖子班和平行班。这一消息一出，同学们都觉得更要慎重对待这次测试，尤其是陆丰同学，因为上次考试的失利，一直有个阴影在心里，经过这段时间的学习，陆丰依然害怕自己的成绩不能恢复到以前的水平，如果是这样，那么自己有可能被分到平行班。这样的担心日益加重，陆丰甚至开始怀疑自己的学习方法是否可行。

　　于是，陆丰抓紧时间，学习的劲头似乎又回到最初的状态，不让自己有一点放松，晚上看书看到深夜。早上，爸爸看着陆丰那黑眼圈，打趣道："最近学习这么紧张吗？你看都有黑眼圈了，学习再紧张，也要注意休息，身体才是革命的本钱。"陆丰哈欠连连，没有说话。由于晚上学习得太晚，白天上课也没有什么精神，陆丰发觉自己的学习效率有所下降，于是又开始担心自己的学习。晚上看书也看不进去，睡觉又会失眠，精神简直到了崩溃的边缘。爸爸似乎看出了陆丰的压力，这天晚饭后，爸爸提议一起去散步。一路上，爸爸并没有说任

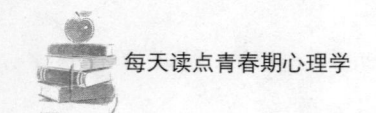

何关于学习的事情，而是聊些自己童年的往事，也聊了陆丰小时候的趣事。

青春期的孩子不要给自己太多的压力，给自己的压力要适当。压力本身是没有任何威胁性的，适当的压力会转换为一种强大的动力，促使你不断地进步，不断地奋发向上。但是，一旦这样的压力过大，就会造成精神紧张、心理崩溃，出现诸如陆丰那样的情况，不能认真看书，晚上失眠，白天精神恍惚，而这样的状态非常影响你的学习质量和学习效率。所以，当孩子面对来自各方面的压力的时候，需要学会自己调整，只给自己适当的压力，否则你在压力的重压之下，会发疯的。

小贴士

1.引导孩子解压

给自己适当压力的同时，还需要为自己解压。压力是外来的一种力量，控制着我们的精神和心理，这是我们无法掌控的，但是我们可以通过一些方式来化解它，消减它的消极性，使其趋向于积极发展。所以，当孩子发现在学习中有太大压力的时候，不妨把自己抽离出来，参加一些户外活动，在大自然中散散心，或者邀约几个好友一起打打球，这都是一些好方法。压力就是精神上的一种紧张状态，只要这样的精力被另外一种活动所占据，那么你就会暂时放下学习上的压力，投入轻松愉快的活动中，使身心得到休息。当你再回过头想那些学习上的压力,你会发现它已经变成一种动力。

2.言传不如身教

父母的一举一动孩子都会记住和模仿,假如孩子看到父母在艰难时刻的坚强表现,他们也会和父母学,会用同样的积极方式渡过难关,父母的一举一动对孩子有很大的影响。假如你的孩子总是消极,那你应该适时地审视自己的人生态度,父母对孩子世界观的影响往往是最大的。假如你总是把工作中的负面信息带回家,从来不谈工作中愉快的事情,孩子会受你的影响而把注意力集中在那些生活中不愉快的事情上。

当然,生活中的不如意对孩子也会造成负面影响,例如亲人的离世、父母离婚、家庭贫困或者失去好友,都有可能让孩子的人生态度发生改变。在人生的艰难时刻,父母应该给予孩子支持,帮助他们度过困难时期。

3.避免指责孩子

假如父母总是指责孩子,孩子往往真的会成为父母说的那个样子。假如父母总是指责孩子是一个消极的人,时间长了,孩子就真的会变得消极。因为在潜意识里,孩子会觉得自己真的是父母说的那个样子。

4.积极面对挫折

人生难免经历挫折,而且现实和理想总会有很大的差距,孩子免不了会面对挫折。当孩子经历挫折时,父母要告诉孩子

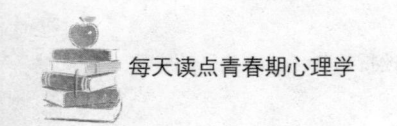

这并不是一件坏事，一次不成功可以再试，考试没考好可以再努力，争取下一次考好。面对挫折和坎坷不要灰心，从头再来，这样才能更好地面对生活中的起起伏伏。

5.避免批评

批评并不会让你的孩子做得更好，还可能助长孩子的负面情绪。在孩子为功课感到烦恼的时候，父母可以帮助他们，赞扬他们所取得的点滴成绩。即便成绩不是很理想，也要告诉孩子失败和成功都是人生的必修课。

孩子失恋了，父母如何引导

对于中学阶段处于青春期的孩子来说，他们需要成长的不仅仅是知识和技能，还有情感体验方面的内容。青春期的孩子会遭遇感情问题，如失恋。其实，"失恋"这样的字眼有些牵强，因为有的孩子还没有真正恋爱过就向父母宣布自己"失恋"了。这样的"失恋"并不是成年人的失恋，而是对一份懵懂感情的失落感。因此，与其把孩子的感情遭遇看成一次"失恋"，不如引导孩子把它看成心性成长的必然过程。

心理学家建议，如果孩子与异性交往，会让孩子的情绪与情感都能得到补偿，这样更有利于他们成年后的人际交往、婚姻生活。不过，青春期孩子早恋的现象，不可避免地带来了一系列感情问题。曾经有一位16岁的高中女生去医院就诊，她最初只说自己胃疼，但怎么样就是治不好。后来，她才告诉心理医生，自己失恋了。心理医生表示："失恋让孩子情绪焦虑，引起抑郁，长时间的精神紧张导致胃疼。青春期的孩子心理不成熟，感情不顺利就自责，觉得这都是自己的错，这样很让他们感到烦躁心慌。而且，孩子羞于开口，不愿意跟父母、同学诉说自己的感情问题，只能压抑在自己心中，时间长了伤身又伤心。"

如今，早恋的现象越来越多，同时，失恋的孩子也多了起来。对于父母来说，既然无法禁止孩子去恋爱，那不妨想办法帮助他们走出失恋阴影，避免孩子受到更大的伤害。跟成年人一样，孩子失恋后往往会感到很痛心，情绪低落必然会影响他的身心健康和学习。父母应该鼓励孩子像成人一样面对失恋，这也是一种人生的磨炼。

> 小贴士

1.引导孩子正确认识"失恋"

一位哲学家说："人只有通过一次真正的失恋痛苦和折磨，才会进一步成熟起来。"对此，父母可以引导孩子正确认识"失恋"，面对失恋的现实，检点自己的行为，重新评估对方的人格，从中吸取经验和教训，促进心理的发展和成熟。告

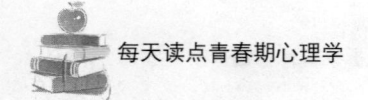

诉孩子："失恋并不是一件坏事，这是一种自然的社会现象，等你有本事了，长大了，你会有更多更好的选择。爱情并不是生命的全部，为了失恋而搞垮身体、影响学业，这是很不值得的。"

2.让孩子感受到家庭的温暖

孩子失恋了，应该让他转移注意力，让他感受到家庭的温暖。例如，父母带孩子出去散散心，或者出去玩一次，或者，最简单的做一顿他最爱吃的饭菜。让孩子知道，即使失恋了，家人永远是关心自己的，这样他心理上就不会觉得孤单和苦闷。

3.引导孩子转移注意力

在孩子失恋后，父母要引导他将时间和精力转移到学习上来。告诉孩子"作为青少年，你们正处在学习知识的黄金时间，要尽可能地把更多的时间放在学习上。恋爱会浪费你的时间，还会伤害彼此，而且，很影响你的心态，影响到你平时的学习"。

第 6 章

社交心理，让孩子赢在好人缘

随着青春期的到来，孩子的生理及心理都会发生显著的变化，内心变得非常敏感脆弱。在这一阶段，他们已经不想跟父母说心里话，陪在他们身边的可能是朋友。那么孩子该怎么选择朋友并与之相处呢？

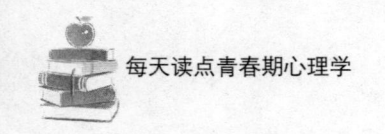

让孩子远离青春期社交恐惧

人际关系是处在青春期的孩子最常见的心理问题,是导致各种神经症状的主要因素。不可否认的是,人际交往障碍影响了孩子的正常学习和生活。在下面的案例中,父母的长期宠溺使孩子很难适应独立的学校生活,自理生活能力很差,形成了孩子不良的人格特征。

电话那边,李妈妈讲述了自己孩子的病例:

我孩子今年17岁,是一所普通高中二年级的学生,我和他爸爸都是大专毕业,在机关工作,我们家族都没有精神疾病的历史。因为家里就他一个孩子,全家人对他都很疼爱,不过,他爷爷对他要求严格,希望他将来可以做出一番大的事业。孩子从小就很腼腆,不喜欢说话,家里来陌生客人,他也是经常躲着不见。在整个读书期间,他都没什么朋友,平时不上课就窝在家里。

但现在孩子读高中了,他开始寄宿,突然感觉到很多事情不顺利,他很苦恼,常常向我抱怨,一副不知所措的样子。前不久,听他说在学校一个男生无意中用余光瞄了一下他,他就觉得对方在警告自己。从此,他更害怕与人打交道,尤其是遇到异性,他就很紧张,注意力无法集中,学习没有效果。后来,严重的时候,发展到与同性、与老师都不敢视线接触。他常常对我说:"妈妈,我很痛苦,好苦恼,可又不知道该怎么办。"看见孩子这样,我真的很痛心。

处在青春期这个特殊的生理、心理发育时期,对于孩子来说,一方面十分渴望获得友谊和建立良好的人际关系;另一方面又有很强的自我意识与独立性。再加上孩子第一次离开家庭,他的心理健康水平比较低,自我调整能力差,以至于形成了一些不正确的认识和观念。所以,他很难适应新的人际交往和比较复杂的学校环境,从而导致人际交往障碍。

许多处于青春期的孩子都有人际交往障碍,他们心里有很多苦恼:"我性格内向,不愿和别人交往,我挺烦的,怎样才能做一个善于交际的人呢?""我是一个女孩,我想说的是,我无论和男的或女的说话,都不敢看对方的眼睛,手一会儿挠头一会儿揣兜,不知道该怎么办。""我太在乎别人对我的看法,和别人沟通时,我都会担心别人怎么看我,尤其是面对比较重要的人,我还有点自卑。""我觉得自己心理上有问题,很多时候很想跟别人聊天,但又不知道有什么好聊的,很多时候我很害羞,说话也不敢大声,我感觉自己好胆小好内向。"从孩子们的心声中,我们可以看出他们中的大多数只是性格内向不善于交际,或是不懂得社交的艺术,而导致社交过程中出

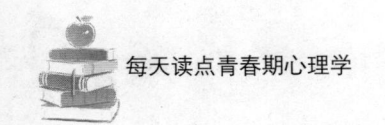

现不适，并非他们不愿意与人交往。

心理专家称，在青春期，孩子很容易患上社交恐惧症，严重的还会发展成社交恐怖症。在青春期，一个人生理和心理都要发生急剧的变化，如果在这一阶段遇到心理问题没有解决好，就很可能影响他们将来的升学、求职、就业、婚姻等一系列社会化进程。

小贴士

1.父母在孩子面前做好榜样

父母之间要和睦相处，有浓厚的社交兴趣，需要有相当的社交能力给孩子做出示范。在生活中，一些神经症或精神病患者的家庭往往父母不和、经常吵架，或者两人对孩子的教育意见出现分歧等，这样一些情况都会让孩子表现出不安、犹豫、没有信心、胆小怕事的性格特点。即使父母的意见不能完全相同，也不要暴露在孩子面前。

2.鼓励孩子与同龄孩子交往

现代社会，大多数家庭都是独生子女，虽然许多孩子都能得到父母良好的教养，但是，如果他们缺乏与同龄孩子的交往，其身心也不能健康成长。孩子在与同龄人的交往中，会遵守共同的规则，学会交往，学会尊重别人。而且，从中还可以学到如何与人合作，如何交朋友。

第6章 社交心理，让孩子赢在好人缘

关注孩子的性格及内心变化

人是生活在各种人际关系中的，与人交往，是人的一种心理需要，交往对青少年的成长有着特殊意义。心理学家指出："人们总是希望有人与他进行交流，从而摆脱孤独与寂寞；希望参与具体活动，希望加入某一群体，并为之接纳，从而获得归属感。这样，快乐时有人与你分享，痛苦时有人为你分担，迷茫时有人给你指点方向，困难时有人给你帮助，忧伤时有人给你安慰，气馁时有人给你打气。通过交往，人们能够寻求心灵的沟通，能够寻找感情的寄托。"

小娜以出色的成绩考上了一所重点中学，可才上学没几天，小娜突然对妈妈说："我不想上学了。"小娜是一个内向的孩子，不愿意与人交往，在她的记忆中很少与人主动打招呼，与同学关系比较好的也只有那么一两个，平时独来独往，显得很不合群。来到新的学校，一切对小娜来说都是那么陌生，她没有伙伴，感到自己备受冷落，认为自己不被别人喜欢，心里非常难过，小娜说自己似乎不是这个班集体的人，没有人理会自己。

当小娜说了自己的情况之后，妈妈也没多在意，只是鼓励说："你要主动与同学交往，与他们交朋友。"过了一段时间，小娜仍然不与同学来往，很少参加集体活动，与同学之间的感情越来越淡漠，她在日记里写道："我感觉在学校里没有人可以了解自己、信任自己、帮助自己，孤独感和自卑感时刻笼罩着我。"妈妈也感觉到小娜情绪很不稳定，时而抑郁，时而焦虑，痛苦至极。情绪不稳定使小娜很难进入学习状态，成绩也急剧下降。看见孩子这样，妈妈很着急。

当心理医生给小娜做"我是什么样的人"自我评价的测试时，小娜只写出了三条自己的优点，其余都是自己的缺点和不足。从这些可以看出她对自己评价很低，缺少内在的自我价值感。通过沟通，心理医生了解到小娜的爸爸不喜欢女孩子，一直想要一个男孩，所以，爸爸从小到大都很少欣赏、鼓励、赞美她，正是爸爸重男轻女的偏见，造成孩子的自卑和痛苦，也间接形成了小娜的人际交往障碍。

通过大量研究发现，在良好的人际关系中成长起来的孩子，成年之后更容易获得成功。许多教育家也认为，学生时代的友谊会影响一个孩子交友的习惯、自尊心，其程度几乎相当于父母的关怀。如果孩子没有朋友，或者说不被同伴所接纳，那么，即便他后来取得了很大的成功，但他心里还是有一种不安全感和不满足感。

小贴士

1.利用互惠心理，引导孩子交朋友

一位心理学教授曾做过这样一个实验：在一群素不相识的

人中随机抽样,给挑选出来的人寄去圣诞卡片。结果,大部分收到卡片的人,都给他回了一张。那些回赠卡片给教授的人,根本没有想过去打听这个陌生人是谁,他们回赠卡片的原因在于他们不想欠别人的情。

对此,父母可以建议孩子在朋友过生日时送份礼物,过年过节给朋友发一条问候的短信。教导孩子慷慨大方、殷勤好客,乐施小恩小惠给自己渴望结交的朋友,例如,帮对方做事、送礼物给对方、邀请对方看自己新买的书等。

2.为孩子制造结识朋友的机会

如果孩子经常是独来独往、缺少朋友,那么,父母可以为孩子穿针引线,制造一些结交朋友的机会。现代社会,孩子总喜欢独自一个人在家,自然不容易交到朋友。父母不妨做一个中间人,例如邀请朋友、同事或邻居的孩子到家里玩,让孩子热情招待他们。孩子们玩起来的时候,父母应回避,如果孩子玩过了头,父母应温和建议:"玩得太久了,要不约个时间下次再玩,好吗?"

3.引导孩子处理交际中的问题

孩子在与朋友交往的过程中,难免会出现这样或那样的问题。这时父母应留心观察,耐心地给予指导,如果孩子与朋友之间出现了矛盾,父母应及时了解原因,帮助孩子分析,引导他自己去化解矛盾、处理问题。

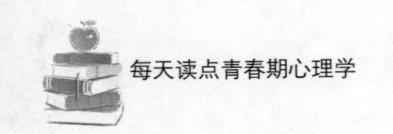

虽然心理比较自闭的孩子需要父母的引导，但是，父母也应给孩子一定的自主权，让他在合理的范围内自己做决定，这样才有利于孩子的健康成长。在选择朋友方面，父母不要干涉太多，否则，效果会适得其反。

别干涉孩子交朋友的权利

孩子成长的每个阶段都需要朋友，古人云："近朱者赤，近墨者黑。"许多父母都明白这个道理，他们担心孩子结交了不好的朋友，或者陷入早恋，于是，在孩子交友的过程中，父母或多或少都会进行干预或指导。对于父母来说，他们都是世界观和价值观已经成熟的过来人，但是，在面对孩子交友方面，却一味摆出强硬的姿态，干涉孩子交朋友的权利，如此，产生的效果只会适得其反。

对于父母限制自己交朋友的权利，孩子有话要说。一位初三的孩子说："我爸妈经常叫我跟学习好的同学玩，但跟我玩得好的同学成绩都很一般。我喜欢跟活泼开朗的同学交朋友，他们性格阳光、容易相处，也跟我一样喜欢运动，我们相处很开心。"另一位初二的孩子也说："我爸妈管我很严，每天放学回家都要向他们汇报在学校的一切情况，我很烦他们问这问

第6章 社交心理，让孩子赢在好人缘

那，更烦的是他们每次都不忘教育我要跟成绩好、品德好的同学一起玩。我其实很叛逆，反而愿意跟那些成绩差的同学玩，我觉得他们很有趣，也够义气，所以，我经常跟他们打成一片。我讨厌父母的干涉，越干涉我就越叛逆。"

一位妈妈讲述了这样一个故事：

那天，我们一家人坐在家里看电视，我还特意去弄了一盘水果。正看得起劲的时候，电话铃响了。15岁的孩子一下子跳起来，喊道："我来接。"他跑进自己的房间，拿起电话还不忘跑到门边把门关上。这一系列动作让我和他爸爸惊愕不已，我们交换了一下眼神，彼此看到一个个问号：这个电话就像是早就预约好的，为什么要到自己房间去接听呢？为什么要关上门呢？难道另有隐情？我和他爸爸从来没这样"心有灵犀"。

他爸爸用眼神示意我拿起客厅里桌上的电话，我急忙跑了过去，拿起电话，我听到一阵快乐的笑声，或许因为太紧张，我不自觉地咳嗽了一声。这时，孩子在屋里大声说道："先不说了，我们家有窃听器！"然后，"啪"的一声，电话挂断了。我惊恐地望着孩子的房门，但是，那扇门却久久没有打开。

后来，过了很久，孩子才开始跟我说话，当我们再次谈到这件事的时候，孩子眼里蓄满了眼泪，他说："那个电话是一位女同学打来的，其实我们并没有说什么不能让人听的话，我

-113-

还准备打完电话就把那件好笑的事情告诉你,但是,你们为什么不相信我,为什么要干涉我交朋友的自由呢?难道我没有自由交际的权利吗?"听了孩子的话,我陷入沉思。

心理学研究表明,青春期孩子的思维、行动受到过多的限制,活动范围狭小,接触的事物单纯,如果不与同龄人交往,他们很容易心理发生变异,形成孤僻、难以与人沟通和相处的性格。在生活中,有的父母对孩子管得太严,限制干涉太多:参加活动要限制时间、与人交往要限制对象、外出限制地域、娱乐限制范围等,但他们却从根本上忽视了正在走向独立的孩子有怎么样的心理需求。

小贴士

1.对孩子交友,应当劝阻,不应包办

父母替孩子把好"交友关"确实很重要,尤其是当孩子沉迷手机、网络聊天的时候,父母应适当劝阻。但是,父母不应该太自私和功利,仅仅凭着成绩的好坏来帮孩子挑选朋友。如果自己孩子成绩好,更有责任去帮助那些成绩不好的孩子,这能培养孩子的社会责任感。一味地让孩子远离成绩差的同学,很容易养成他自私的心理。

2.与孩子成为朋友

交友,首先,父母就应该做孩子的知心朋友,敞开心扉与孩子聊天。通过聊天,孩子才能把心里的疑惑和成长的烦恼告诉父母。而且，这样的聊天是平等的，而不是居高临下的，你可以问孩子："你对朋友有什么要求啊，看我合不合格呢？"父母与孩子的关系融洽了，自然会帮助孩子解决交友的问题。

3.尊重孩子的隐私

许多父母抱怨孩子："我生你养你，你是我的，我当然有权利知道你的一切，包括你所交的朋友。"实际上，这对孩子来说是一种伤害。父母应该尊重孩子的隐私，当然，这并不是放任，而是寻找最佳途径去了解孩子。例如，孩子打了电话后，你可以问："电话打那么久，是不是有人要你帮忙？"

孩子突然多了"社会朋友"

对于父母来说，青春期孩子最难管教，他们已经不再是父母翅膀下的小鸟，他们有自己的圈子。父母都明白，朋友圈子是一种认同和归属，也是一种制约和束缚。于是，站在圈子之外的父母就开始担心尚未真正成熟的孩子是"近朱者赤"，还是"近墨者黑"。

《颜氏家训》中有一段话："人在少年，神情未定，所与款狎，熏渍陶染……是以与善人居，如入芝兰之室，久而自芳也；与恶人居，如入鲍鱼之肆，久而自臭也。"在青春期，孩子的思想与个性尚未定型，很容易受与之亲近的朋友熏陶，父母应该对此加以重视。有的父母对孩子不闻不问，结果孩子交友不慎，荒废学业；有的父母则害怕孩子结交坏人而因噎废食，禁止他接触社会人士，结果导致孩子养成孤僻性格。其实，父母对于孩子结交社会青年，既不能听之任之，也不能粗暴干涉，而要热情关心、具体指导。

小文，高二年级的学生，他是那种性情随和、喜欢交朋友的孩子。但父母担心的地方就是这一点，小文花了很多时间在朋友身上，如果有朋友叫他帮忙做什么，即便他自己有事也不会推托，会先帮朋友的忙，然后再做自己的事情。小文认为这样很有成就感，能够帮朋友做事自己也很开心。

父母不赞成小文广交朋友，希望他能够把所有时间都用在学习上。其实，小文的成绩并不差，平时学习也比较用功，年级排名在中等偏上，他就读于一所普通中学，还是班里的学生干部。但是，望子成龙的父母并不满意现状，对他有更高的要求，为此常常和他发生冲突。小文觉得很困惑，他觉得自己已经够努力，为什么父母还是没完没了地指责他呢？对自己一点也不理解。于是心情苦闷的他花了更多的时间来交朋友，最近，他还认识了不少社会上的青年，认为那些社会青年十分有魅力。父母听说后吓坏了，不停地劝阻他不要和社会青年来往，但叛逆的小文就是不听。

上周，小文突然宣布不想上学了，理由是成绩下降，读不进去了。实际上，父母明白小文的心已经不在学校，他和外面的一些不良社会青年结交成朋友，讲"义气"。从周末到现在，父母一直在给小文做思想工作，但效果就是不明显，没想到孩子陷得如此之深，这是父母始料未及的。

孩子为什么会结交社会青年呢？

一位结交了社会朋友的孩子回答说："我觉得结交一些社会朋友挺好的，但是，要看我们如何界定'社会朋友'这个词。我正准备高考，我所认识的都是已经大学毕业的大朋友，我对大学的向往使我对他们颇有好感。现在，我面临着学习和父母两方面的压力，虽然，这些可以找同学诉说，但同龄人面对的问题几乎是相同的。我们可以交流，但提不出有建设性的意见。相反，那些大朋友是经过磨炼的，他们的意见往往很实用。通过与他们交流，我觉得自己离目标更近了，心里也少了一些浮躁。"

还有的孩子，则完全是一种好奇的心理。青春期孩子尚未真正地进入社会，他们对于社会中的人和事都充满着好奇。如果在某些场合结识了社会中的人，他们会毫无防备地带着好奇心理陷入其中。针对这样的情况，孩子就很容易结识一些不良的社会青年，极易被人利用，从而走上歧途。

小贴士

1.不要误导孩子"不要和陌生人说话"

对于青春期的孩子来说,应该学会交际,特别是与陌生人的交际,这是一项生存的法则。因为当他们成年之后,他会不可避免地接触到越来越多的陌生人,而在纷繁复杂的社会交际中,轻松地与陌生人交流,是一种必须具备的本领。

许多父母教导孩子"不要和陌生人说话",其实,这样会误导孩子。如果是父母熟悉而对孩子来说是陌生的人,那该不该说话呢?所以,在引导孩子的时候,只需要提醒孩子"在与社会青年接触的时候,要提高警惕,对于那些有着不良嗜好、品性败坏的人,最好避而远之"。

2.给孩子多一点关怀

父母在与孩子交流的时候,要以朋友的身份来交流。其实,某些孩子结交社会青年很可能是因为在父母身上无法获得安全感,在他看来,社会青年很有魅力,他会认为这些朋友能保护自己。对此,父母要多给孩子一点关怀,多做心灵交流,了解孩子的心理需求。

第 6 章　社交心理，让孩子赢在好人缘

青春期孩子热衷异性交往

　　青春期是个体从性机能没有作用发展到性机能成熟的阶段，其发展变化迅速而短暂。随着生理方面在激素作用下的急剧变化，孩子产生了性心理适应问题，其中包括与异性交往的心理。在青春期，少男少女产生了一种特殊的情感体验，开始进入心理学的异性期，对异性感兴趣，并产生思慕心理。在这个特殊的年龄阶段，男女同学之间如果互相产生好感，他们会一起学习，结伴参加各种集体活动。心理学家认为，孩子热衷于异性交往是成长中正常的心理现象，这种感觉是每个人都会经历的，这不是早恋。

　　已是过来人的秦妈妈讲述了自己与孩子之间的故事：

　　我是离婚的女人，一个人带着17岁的孩子过日子，我的愿望是让孩子上个好大学。从小，孩子学习就很好，一直当班长，我经常教育孩子要学会帮助别人："要把最好的给别人，帮助别人是一件快乐的事情。"

　　孩子交朋友我不会干涉，但会密切关注孩子与哪些朋友一起玩。孩子上高二的时候，班上转来一名北方的男孩，个子高高大大的，但比较消沉，学习成绩不怎么样。孩子每次回家都会提到那个男孩子的名字，我小心翼翼地问："你为什么总是那么关注他呢？"孩子笑着回答说："班主任让我课后辅导

-119-

他的英语，所以我们走得比较近。"我没作声，但有些担心。后来，我跟大多数父母一样做了一些蠢事，我偷看了孩子的日记，跟踪了孩子几次。孩子发现后，开始像对敌人一样看我。

在心理医生的帮助下，我先跟孩子道歉，然后与她倾心交谈。谈话中，我了解到孩子的孤独和烦恼，同时，了解到那个男孩因为遭遇家庭变故才变得消沉，孩子是因为同病相怜才去安慰他，他们也因此成为谈心的朋友。孩子表示以后不会让我伤心，好好读书，但要求我放松家规，信任并尊重她。我答应了，直到现在，孩子与那位男孩依然是很好的朋友，我很庆幸当初没做更坏的事情。否则，我一定后悔终生。

离异家庭中成长的孩子有着敏感的心理，他们害怕自己被人看不起，更容易被那些同病相怜的人所打动。在上面这个案例中，秦女士及时咨询了心理医生，挽回了与孩子的危机关系。而恰恰是在倾心交谈之中，秦女士才意识到原来孩子是那么的孤独和困恼。其实，在现实生活中，许多父母只关注孩子成绩好不好、生活好不好，但却忽略了孩子的心理问题，而这些问题可以通过孩子的择友体现出来。

青春期之前，孩子心理上所依赖的是家长，进入青春期以后，他们的心理开始转移，重心将放到朋友身上。孩子开始交朋友，为了朋友，他们可以去学校门口等，可以和朋友一起逛街，可以和朋友留在学校打篮球，甚至为了朋友去打架，不在乎回家晚了看父母的脸色。是什么力量让孩子变成这样呢？其实就是孩子的心理需求。

小贴士

1.正确看待孩子与异性交往

由于青春期是求学的黄金时期，某些父母总是担心孩子幼稚、冲动，影响学业，对他结交异性朋友常常持反对意见，戴着"有色眼镜"，任凭主观臆测，给孩子施加压力，用"早恋"来界定孩子的这种情感需求，限制孩子与异性交往。其实，这样做不仅伤害了孩子的自尊心，还容易造成孩子心理偏差，影响孩子以后的人际交往和社会适应能力。

青春期孩子出现对异性的朦胧好感是很正常的，通过与异性的交往认识异性，也是成长的必经过程。对此，父母不要神经过敏，而要站在孩子的立场上，跟孩子一起讨论"男女生怎么样交往才妥当"。

2.了解孩子的朋友交往需求

在青春期，孩子时而浮想联翩，时而忧心忡忡，这些感情不适合与父母分享，父母不是孩子吐露心声的选择，而最好、最安全的是身边的朋友。对于孩子的择友，父母只需要提出简单的底线要求就可以了，例如"带你做坏事的人不能做朋友""很自私的人不能做朋友""自以为是的人不能做朋友"等。

第7章
沟通心理,关注孩子的内心世界

青春期是一个特殊的时期,心理学家把它称为疾风暴雨时期,这一时期孩子的情绪波动非常大,心理非常敏感。在这一阶段,父母要特别关注与孩子的沟通问题,走进他们的内心世界,读懂他们的快乐与烦恼。

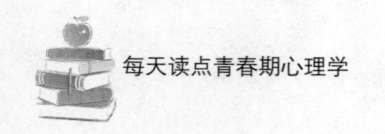

换个角度看待自己的孩子

父母要想教育好孩子，就要在孩子面前多夸夸他的优点。俗话说："好孩子是夸出来的。"这也是无数父母从亲身实践中总结出来的经验，孩子"叛逆"，这是作为青春期的孩子都会有的特征，父母需要循循善诱，切不可正面冲突。如果父母还是沿用"棍棒"教育，让孩子屈服于大人的威严之下，那么，这样只会让孩子更加反感，不仅会影响亲子关系，对孩子的一生也会产生不良的影响。父母应该从另外一个角度来看待自己的孩子，多看到孩子的闪光点，进行正面引导，这样孩子就会在夸奖赞扬中逐渐改变那些不良的习惯，而且还能够树立起自信心、上进心，形成良好的行为习惯。

关于怎样教育孩子，对每一位父母来说都是很棘手的问题，尤其是面对逐渐变得叛逆的孩子，许多父母真是没辙了。打也打了，骂也骂了，可就是不见效果，孩子总是不听话。其实，随着年龄的增加，孩子越来越叛逆，凡事都喜欢和父母唱反调，而且你越是打骂他就越嚣张。有父母抱怨"我已经管不了他了"，难道问题真的那么严重吗？

小贴士

1.对孩子以赏识教育为主

在当今时代,随着社会的进步、人们观念的改变,许多父母都认识到"棍棒"教育带来的弊端,并逐渐以赏识教育为主。的确,赏识教育作为一种新兴的教育方式,主要是赏识孩子的行为结果,以强化孩子的行为;也是赏识孩子的行为过程,以激发孩子的兴趣和动机。

赏识教育是一种尊重生命规律的教育,它逐渐调整了无数父母家庭教育中的"功利心态",使家庭教育趋向于人性化、人文化的素质教育。所以,父母在家庭教育中,应该摒弃落后的"棍棒"教育,主要以赏识教育为主,这样才有利于培养孩子良好的行为习惯。

2.多发现孩子身上的闪光点

一个孩子可能会很叛逆,也可能学习成绩很差,但这时候,父母不要只看到孩子的缺点,而忽视了他的闪光点。每个孩子身上都有闪光点,只要父母做个有心人,一定能在生活的点点滴滴中发现。可能他比较叛逆,但乐于助人;他语言能力也可以,还可以自己编故事;他的绘画也很不错,所画的作品还在班上展出过呢。这样一想,你就会发现夸奖孩子其实并不难。

哪怕孩子有一点点进步,作为父母都不要忽视,要给予真诚的表扬。"你今天一回家就开始写作业了,这个习惯真好,我相信你会天天这样做,是吗""今天你跟爷爷说话时用了'您',语气也比以前更有礼貌了,很不错"。长此以往,你会发现孩子在一次次的夸奖中变得越来越有自信,学习的兴趣也一天比一天浓厚,行为习惯也一天比一天好。

3.对孩子说话要注意语气

随着年龄的增长,孩子的自我意识越来越强,他也有自己的自尊心、自己的面子。但许多父母还是把孩子当作什么都不懂的小孩子,想对孩子说什么从来不注意自己的语气。这时候,孩子是比较敏感的,父母稍微有点不耐烦的口气,孩子也能感觉到,他会觉得自尊心受伤。如果父母当着许多人的面数落孩子的缺点,更会让孩子觉得无地自容。所以,在任何时候父母都要注意自己对孩子说话的语气,以夸奖激励为主,切忌语气太重,另外,在外人面前也千万不要数落孩子的缺点,这会让他感到自卑。

4.对孩子的成绩予以大方的夸奖

有时候,孩子取得了不错的成绩,父母心里虽然也很高兴,但总是习惯性给孩子浇一盆冷水"这次成绩还行,可你同桌还比你考得好哩",这样一个转折一下子就把孩子的自信心给毁灭了。对于孩子来说,他们的心理还很简单,他只希望得到父母的夸奖,如果父母有一点点微词,他就会觉得没有了自信心，进而产生自卑的心理。所以，当孩子取得成绩，父母千万不要浇冷水，要给予大方的夸奖，以增强孩子的上进心。

5.对孩子的夸赞也需要适度

"好孩子是夸出来的"并不是完全绝对的正确，教育孩子一味地靠夸奖也是远远不够的。而且，有的父母更是坚持"孩子都是自家乖"，这样一味娇宠，对孩子的成长也是极为不利的。无论是夸奖还是批评都应该是适当的，父母不能把孩子捧得老高老高，这样一不小心摔下来，孩子和父母都是承受不起的。好孩子是夸出来的，父母更要拿捏好"夸"的度，这样才能培养孩子良好的行为习惯。

读懂孩子的烦恼与快乐

心理学家认为，父母与孩子之间的沟通，孩子是掌握主动权的，因而有的父母就会说"他心里有什么想法，那也得开口向我说，否则我怎么能走进他的内心世界呢"。其实，孩子心中都有一定的惧怕心理和羞涩心理，即便有一些想法，他也不会主动告诉父母，而是需要父母诱导孩子说出来，或者父母通过一定的方式来了解孩子，走进孩子的心灵世界。教育专家认为，要想走进孩子的心灵世界，就要和孩子交朋友。

一天，孩子放学回家后若无其事地告诉妈妈："今天上午上数学课的时候，我居然睡着了。"上课的时候居然睡觉？妈妈听到这话就生气了，责备孩子："上课时睡觉？你说我辛辛苦苦挣钱供你读书，你为什么要这样做？"孩子有些委屈："我觉得困就小眯了一会儿，醒来以后，老师正在讲课，我都不知道自己睡了多久，也没人叫我。""睡觉，睡觉，我让你睡觉！"妈妈开始拿着鸡毛掸子打孩子，只听见孩子的哭声。

过了一周学校开家长会，老师向妈妈反映："孩子很喜欢上课时睡觉，当着全班同学的面都批评他好几次，他还是这样，一点也不改进，希望你们可以敦促一下。"妈妈回到家，对孩子又是一顿打骂，孩子挂满泪水的脸，有一丝幸灾乐祸的笑容。

常常听到孩子这样抱怨："父母根本不理解我们的需要，他们想说的时候就说个没完，而我想说的时候他们却心不在焉。"孩子有着这样的烦恼是普遍存在的。其实，孩子内心里有着许多想法，他们也有欢乐、苦恼、意见，如果父母没能主动走进孩子的内心世界，孩子有了意见没有得到及时的交流，那么父母与孩子之间的鸿沟就会越来越大。

父母埋怨"孩子不理解自己的一片苦心"，孩子也抱怨"父母根本不了解自己"。孩子在这一阶段已经逐渐有自己的内心小世界，由于惧怕、害羞等多种原因，他们会封闭自己的

第7章　沟通心理，关注孩子的内心世界

内心世界，不会轻易向父母吐露自己的内心想法。这时候，就需要父母主动走入孩子的内心世界，倾听孩子的所思所想，读懂孩子的烦恼与快乐，真正成为孩子的知心朋友。

小贴士

1.主动与孩子的老师沟通

有的父母没有主动与孩子老师沟通的习惯，他们认为孩子在学校就应该是学校的责任，如果孩子有了什么事情，老师会主动联系自己。其实，每个班级那么多学生，老师根本不会顾及每一个学生，这就需要父母主动与老师交流。这样，父母能及时地了解孩子的学习表现和思想素质，还能够积极主动地配合老师对孩子存在的问题及时进行改正，便于父母与孩子顺畅沟通，了解孩子最近的表现，有助于父母走进孩子的心灵世界。

2.冷静处理孩子的过错

即便知道孩子做错了，父母也应该保持冷静的心态，冷静地处理孩子的犯错行为。这时候，如果父母的情绪失控就意味着中断了自己与孩子的谈话，在孩子内心他是不希望看到父母失望，一旦父母表现出过分的失望和担忧，就会造成孩子隐瞒真实想法的严重后果。所以，当孩子犯了错误，父母要设身处地为孩子着想，多为孩子分忧，不要对孩子的所作所为大肆发表自己的意见或者大声指责，这样孩子就会对父母说出自己内

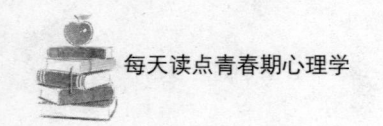

心的想法和秘密。

3.了解孩子的内心世界

有的时候,孩子并不愿意向父母坦白自己的想法和意见,甚至也不愿意与自己的好朋友交流,他们喜欢将其写进作文和日记里。这时候,父母可以从孩子的作文和日记中了解他的内心世界。当然,看孩子的作文和日记,一定要征求他的同意,毕竟日记是孩子的隐私,暴露出来是需要勇气的,这需要父母理解。

4.与孩子成为朋友

父母要想主动走进孩子的内心世界,就要与孩子进行密切接触,消除距离感,成为"零距离"的知心朋友,这样孩子才会把自己的想法告诉父母。这时候,孩子不把父母当作高高在上的父母,而是当作可以交心换心的好朋友,孩子才不会对父母保留自己的秘密。

5.重视孩子的内心需要与感受

父母需要重视孩子的内心需要与感受,体会孩子的心声、苦恼,鼓励孩子表明自己的想法和感受。有时候,父母可能会不赞同孩子的一些行为,但是孩子内心的感受也是可以理解的。父母要明确,孩子对事物的感受或心理活动往往比他的思想更能引发他的行为。所以,父母应该重视孩子的感受,并对他的感受认真加以理解和评价,这样会促使孩子在父母面前展露一个真实的内心世界。

6.给孩子战胜困难的勇气

当孩子面对没有做过的事情，或没有把握的事情，或者面对困境和挑战的时候，最希望得到父母真心的鼓励。告诉孩子"你能行""不要怕""再加把油""你是个勇敢的孩子""要有点冒险精神呀，宝贝"，从而鼓励孩子勇敢面对，大胆进取，不断努力和尝试。

7.认可孩子的观点和行为

孩子往往希望从大人那里得到认可，但父母似乎总是让他们失望。告诉孩子"你的看法有道理""你一定有好主意""你的想法呢"，而不要轻易否定他们的看法和想法，不要驳斥他们的意见，学着赞同孩子的意见，让他们表达出自己的心声按照自己的想法去做做看，去尝试一番，宁愿他们从中得到教训，也不要轻易否定他们。没有试过，你怎么知道自己一定就比孩子高明呢？

8.珍视孩子的进步

父母随时都要看到孩子的进步，并及时给予赏识，会让孩子重新建立做好事情的勇气和信心，否则会让孩子失去前进的动力。对于孩子任何的一点进步，父母都应该及时给予鼓励和称赞，欣慰地对孩子说"你长大。"或者"不要急，慢慢来，你已经有了进步。""你一点也不比别人笨，妈妈每次都能看

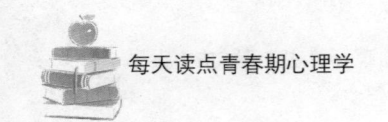

到你的努力和进步。"这些足以让孩子感到你对他的重视,产生"一定会做得更好"的勇气和信心。

别一味对孩子进行"灌输式教育"

父母总是对孩子说:"我都是为了你好。"这些话实际上是沉重的,它带给孩子更多的是一种压力和负担。这些话如此斩钉截铁,不容辩驳,孩子一点小小的反抗都被视为大逆不道,让孩子只能选择顺从。父母对孩子任何批评的话语再加上这一句"都是为了你好"之后就变得理所当然。许多孩子的天性就会因此被扼杀,最终按照父母认为的该有的路线去规划、去发展,做他们认为对的事情。

孩子总是抱怨:"从小到大,我听得最多的一句话就是'都是为了你好'。这句话就好像一句咒语,父母总是打着爱的旗号,限制着我的自由和独立。"

只要孩子一不听话,妈妈就开始训斥:"我辛辛苦苦赚钱,做那么多辛苦的事情,还不都是为了你好?你怎么就这么不听话?妈妈一心为你好,可你呢?还反过来让妈妈生气,真是太让我伤心了。"当孩子做错事情,妈妈又开始训斥:"你以为我愿意骂你、惩罚你吗?还不都是为了你好。骂你、惩罚你是为了让你知道你做的事情都是错的，让你知道悔改，让你知道以后该怎么做。"

孩子被逼急了，就会大叫："我不要你为了我好，我最讨厌这句话！"

在教育子女方面，父母容易陷入一些误区，不管孩子在想什么，不管孩子的意愿，而一味对孩子进行批评式或输灌式教育。父母永远站在权威、强势的位置上，不愿意去理解孩子的想法和意愿，一厢情愿地认为自己是"为了孩子好"，总是命令、强压、威胁、以暴制暴，反而容易激起孩子的逆反心理，引发孩子激烈的反抗。事实上，要想改变这种现状，就要给孩子和父母平等对话的语境，做孩子的好朋友、好伙伴，才能使家中的沟通氛围更和谐温馨。

小贴士

1.征询孩子的意见

当父母制定关于孩子的某项计划或规则的时候，最好听听他的意见。无论是"每天晚上只许玩半小时的游戏，9点以前睡觉"，还是"暑假去参加某某兴趣班或夏令营"，事先最好征求孩子的意见，对于自己参与制订的计划，孩子更有执行的兴趣和信心、耐心。不要安排孩子的一切，可以问他"这周末想要怎样安排？"如果孩子太小，不妨给出选择"是去游乐园还是去爷爷奶奶家？"

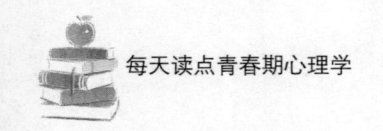

2.倾听孩子的想法

父母与孩子所处的地位不同,与孩子所关心的内容不同,想法往往也不一样。父母认为好的,不一定是孩子想要的;父母认为正确的,不一定是孩子认可的。父母要多听听孩子的想法与观点,对于孩子合理的想法和意愿,应放手让孩子去独立完成,或者设法满足孩子的合理要求。对于孩子不合理的想法,要先用心聆听,然后给出合理的建议,再让孩子自己去选择,哪怕他在尝试中会摔跤。多问问孩子"你是怎样想的?""说说你的主意。""你觉得这样解决怎么样?"如此才能培养孩子的开放性思维,提高孩子分析问题、解决问题的能力。

3.与孩子多互动

在大多数的家庭教育中,父母永远处于主导地位,孩子永远处于被动地位,被迫接受父母的命令和斥责,不管这些多么没有道理。事实上,父母不一定都是正确的,应该尊重孩子作为一个独立个人的思想和意志,让家庭沟通变成一个双向互动的过程,父母可以影响孩子,孩子也可以影响父母。父母应多做出自我批评和自省,用语言和行为给孩子树立榜样。少说些"大人说话,小孩别插嘴""按照我说的去做",多告诉孩子"妈妈也有错""我们也有责任,忽视了你的感受""你有什么想法,说出来听听",会让孩子更重视、尊重你。

4.允许孩子申辩

无论孩子做错了什么，请允许他进行申辩，并且不要把这些申辩看成狡辩或强词夺理，当然如果孩子任性、不讲道理，应坚持让孩子道歉。申辩也是一种权利，不能要求孩子俯首帖耳，这样的孩子没有前途。发现孩子不合你意，或者做错了事，应该首先思考到底谁出了问题，听听孩子的理由，而不能简单地训斥和责骂。不允许孩子申辩，不但不能使孩子心服口服，还会使他滋长一种抵触情绪，为他以后说谎、推脱责任埋下恶根。孩子申辩本身是一次有条理地使用语言的过程，也是交流的过程，听听他的理由，也许你会觉得孩子这样做并没有什么错。当然申辩不等于强辩，如果发现孩子有推脱责任或强辩的倾向，应该坚持让他认识到自己的错误。

总之，父母要学会平等地和孩子交流，不权威俯视，也不强势压迫和命令，先倾听，然后尊重，实现平等，才能让孩子更服气，家庭氛围也才能更融洽。

你对孩子的了解存在偏差

在现实生活中，许多父母经常与孩子在一起，却对孩子的一些行为表现熟视无睹或者视而不见，大多数父母忙于自己的事业，为生活琐事所累，他们很少有时间来观察孩子、了解孩子，所以，在父母心中并没有形成对孩子正确、全面的认识。其实，了解孩子才是教育孩子的前提。如果父母对自己的孩子缺乏一定的认识，又何谈教育呢？

英国教育家、思想家洛克指出："教育上的错误比别的错误更不可轻犯，教育上的错误正如配错了药一样，第一次弄错了，绝不能借第二次、第三次去补救，它们的影响是终身洗刷不掉的。"家庭教育也是一样的道理，父母是孩子的第一位老师，担负着教育孩子的责任，这时候，父母首要的任务就是观察并了解自己的孩子。

放学路上，孩子一张苦瓜脸，无论妈妈怎么问，她就是不说话。妈妈憋不住了，因为刚才老师向自己反映孩子上课总是和同桌聊天。妈妈情绪上来了，对孩子不分青红皂白就责备："听说你上课总是跟同桌聊天，你怎么回事呢？妈妈这么辛苦到底是为什么呢？你为什么总是做一些令妈妈伤心的事情呢？"孩子一脸委屈："我没有，我只是……"孩子还没来得及说完，妈妈就叫道："你只是什么？只是上课说话吗？你为什么总是喜欢为自己找借口呢？难道做了错事，还理直气壮地为自己找借口……"

回到家，孩子在日记本上写着：今天我感到很难过，因为妈妈在不了解真相的情况下批评了我。也不问我为什么要这样做，就直接说我不对。其实当时是老师讲到了一个难题，同桌觉得没理解，就小声询问我，于是我就跟她讲解清楚。没想到就这样一件小事，老师冤枉我，妈妈也冤枉我，难道我真的做错了吗？

"你了解自己的孩子吗？"许多父母在被问到这个问题时，几乎都会给予肯定的回答："当然了解！"俗话说："知子莫若父。"每一位家长在一定程度上都是了解自己的孩子的，并且他们能够说出孩子的一些特点。因为从孩子出生起，父母就是孩子最亲密最值得信赖的人，所以，父母可以肯定地说"我很了解自己的孩子"。但是，父母自己的看法却是不够全面的，有着很多偏差，以至于出现"察子失真"的现象，这究竟是什么原因呢？

小贴士

1.充分了解自己的孩子

有的父母觉得自己天天与孩子在一起，对他难道还不够了解吗？其实，许多父母对孩子的了解还停留在表面上，并没有细心的观察，他们的了解并不细致，也不够深入，对自己的孩子了解得并不深，没有从整体上把握孩子性格特征。父母可以在下班后，与孩子进行交谈，彼此建立信任关系，观察孩子的情绪、性格特点、兴趣爱好，以充分全面地了解孩子。

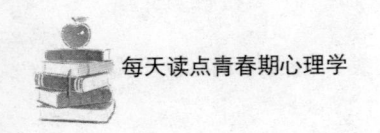

2.判断孩子切忌片面性

有的父母观察孩子的行为,总是带着片面的心理来判断孩子,对孩子的想法、行为以及做事判断得都不够准确。例如,有的父母看到孩子某些方面很迟钝,就认为孩子很"笨";有的父母觉得孩子唱歌不错,就觉得应该让他学习唱歌。父母这样片面性的判断,对孩子的成长极为不利。

3.经常与孩子聊天

在现实生活中,不少家庭普遍存在与孩子的谈话不足的问题。许多妈妈与孩子每天的谈话都少于30分钟,爸爸则更少。但是,父母却花了更多的时间去购物或者看电视,其实,作为父母,养成与孩子谈话的习惯非常重要。父母经常与孩子沟通,有利于培养孩子乐观开朗的心理素质,减少和预防孩子心理障碍的发生。而且,父母在与孩子谈话的过程中,还可以通过对孩子言行举止的观察,了解到孩子在这一成长阶段表现出来的特点。

4.观察孩子与同龄孩子的异同

除了观察自己的孩子以外,父母还要善于观察与自己孩子同龄的孩子。同龄孩子的身体、智力、心理发展特点都是类似的,如果发现自己的孩子最近比较沉默寡言,这说明他有心事,或者显得比较早熟。而且,父母还可以制造一些情境,例如带孩子参加活动、走访亲友,这样都可以观察孩子与平时不同的表现，了解孩子的行为特点。

其实，孩子就在身边，关键是父母要做一个有心人，要通过孩子的一举一动、表情，或者是一句语言，了解他的心理、情绪，把握孩子内心深处的东西，从而对孩子进行有针对性的教育，促进他个性的发展。

把正能量传递给孩子

心理学家研究发现，健康性格是感受和创造快乐很重要的一方面，注重培养孩子快乐的性格，有利于孩子健康成长。孩子需要父母的微笑、需要父母友好的态度，而不是公式化的语调或者面无表情的一张脸。有时候，父母会抱怨"孩子开始疏远自己"，这时候很大程度上都是源于父母对待孩子的态度。虽然父母是成年人，可能会有许多生活和工作的烦恼，但是在面对孩子的时候，请对孩子多一些微笑，走进孩子的心灵深处，了解他的思想，把你的快乐传递给孩子，缩短与孩子之间的心理距离。

妈妈有些望女成凤的迫切心情，平时最关心的就是孩子的学习。每天孩子高高兴兴、蹦蹦跳跳地背着书包放学回来时，总是兴高采烈地喊上一句："爸爸妈妈，我回来了。"在书房里忙活的爸爸会应一声,妈妈则板着脸问:"今天学习怎么样?布置了哪些作业?最近又考试没有?考得怎么样?"在妈妈连珠炮般的追问下,孩子一张笑脸变成了苦瓜脸,悻悻地提着书包进屋学习去了。时间长了,孩子就有意地避开妈妈,放学回来也不像以前那样兴高采烈地高声呼喊他们了,而是偷偷地溜进自己的房间,有时候甚至把门也锁上。隔着房门,妈妈也是语气冷冷地问:"这次考试怎么样?"屋里只是传来孩子闷闷的一声"嗯"。

离期末考试越来越近,妈妈感觉孩子与自己的距离越来越远,孩子话更少了,总是一副郁郁寡欢的样子,有时候还发现她偷偷地抹眼泪。妈妈问她,她也不吭声,妈妈慌了,这孩子是怎么了。

许多父母都很关心孩子的学习,眼睛总是死死地盯住孩子的学习成绩,每天就像例行公事一样冷冰冰地问孩子"今天学习怎么样""考试了吗,考得怎么样",望子成龙、望女成凤的心情让他们忽视了对孩子健康的重视,尤其是孩子的心理健康。当父母在问孩子学习情况时,是否有问"你今天过得快乐吗"。孩子本来愉快的心情,在父母冷冰冰的语调下,以及板着脸的注视下也会消失得无影无踪。

于是,父母抱怨"孩子越大越不听话,连父母的话都不听了""感觉到孩子与我有了很深的隔膜,也不像以前那样跟

第 7 章 沟通心理，关注孩子的内心世界

我亲近了"。问题的根源就是父母的微笑太少，责备太多；鼓励太少，批评太多。孩子想与父母进行有效的沟通，父母却关紧了自己那扇心灵之门，只留给孩子一张面无表情的面孔，试问，孩子还会与你亲近吗？

小贴士

1.营造和谐愉快的家庭氛围

有的家庭，气氛比较容易紧张，父母总是板着一张脸，为了点点小事就吵架。心理学家认为，在这样的家庭环境中长大的孩子，容易疏远父母，甚至容易出现不良的行为。家庭对于孩子来说是一个温馨的港湾，一个可以嬉笑快乐的地方，愉快的家庭气氛，可以使孩子养成乐观、积极向上的性格。同时，也增加了父母与孩子之间的亲密度，因为父母那友好的笑脸给予孩子信任与温暖。所以，父母之间互敬互爱，多对孩子笑笑，家庭充满欢声笑语，对孩子来说是非常有必要的。

2.在孩子面前控制自己的情绪

有时候，父母也会因为工作和生活上的一些烦恼而愁眉苦脸，这时候，为了孩子健康成长，需要努力控制自己的情绪，面对孩子露出笑脸，让他感受快乐的情绪，与自己亲近起来。许多父母自己有了烦恼，就会对孩子大吼大叫，冷着一张脸，说话也是冷淡的语调；有的父母面对孩子犯了错，控制不住自己的情绪，对孩子施行打骂教育。这样时间长了，孩子就会逐

渐远离父母，与父母之间的隔阂越来越深，不利于父母与孩子之间的顺利交流。所以，在孩子面前，父母需要努力控制自己的情绪，多给孩子一点微笑、多一些鼓励，这样孩子与父母的距离就会越来越近。

3.多一些微笑与鼓励，少一些责备与批评

家庭教育是教育的重要组成部分，家庭教育的方式也成为重中之重。父母对孩子要多一些微笑与鼓励，少一些责备与批评。责备越多，孩子所受到的心灵伤害就越多，他的内心就对你增加了防御与反抗，父母与孩子之间的距离就会越来越远。所以，父母要改变自己家庭教育的方式，给孩子多一些微笑与鼓励，少一些责备与批评，做孩子最亲近的知心朋友。这样，在孩子的成长路上，你才能走进孩子的心灵世界，读懂孩子的真实内心。

第8章

早恋心理,善待孩子稚嫩的爱

早恋是青春期孩子在成长过程中遇到的一个比较常见的问题,大部分孩子在这个阶段都遭遇过这样的问题。不过,在父母的正确指导和自己的努力下,他们都顺利地克服了困难,度过了那段苦涩的岁月。因此,父母最需要的就是保持冷静,引导孩子正确看待早恋问题。

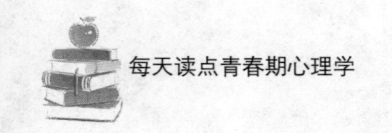

孩子的青春期三部曲

歌德说："青年男子哪个不善钟情？妙龄少女谁个不善怀春？"在青春期，孩子爱慕异性，这是极为正常的心理现象，是每一个精神发育正常的青春期孩子都会有的感情的自然流露。进入青春期以后，男孩女孩彼此向往、互相爱慕，是孩子心理发展的一个重要表现，这也是他们恋爱成功与婚姻美满的性心理基础。作为父母，要了解孩子在青春期的早恋情况，就应该先了解孩子心理和情感在青春期早期的发展规律。

张妈妈是小学六年级的班主任，最近，班里一次偶然的男女生调换位置，却引来许多同学的哄笑，有些胆子比较大的同学竟然开玩笑说："这样就真的绝配了。"而那位被调换位置的女生似乎意识到什么，脸红了，头低得很低。这件小事引起了张妈妈对这些孩子的关注，有了空闲时间，她就深入孩子当中，了解他们的学习生活和思想状况。

果然，张妈妈发现班里有传递纸条、写情书的现象，一位写作能力较好的女孩用她细腻的文笔抒发了对一位男生的爱意。而那些性格比较外向的男生一下课便跑到自己有好感的女孩的班上，希望能够引起女生的注意。在课间的走廊上、教室里，经常看到男生女生你追我打，嘻嘻哈哈。每当男生在操场打篮球的时候，旁边总是三三两两围着一些女生。这可是小学六年级呢！张妈妈感叹，想到就在本校读初一的孩子，她就忧心忡忡。

青春期的异性情感发展需要经历三个阶段的心理历程，称为"青春三部曲"。

1.异性排斥期

这个阶段在孩子9~10岁，持续时间大约为两年。在这一阶段，孩子的身体开始出现一些青春期早期的生理变化，例如，女孩子的乳房开始发育，男孩子开始长阴毛。在孩子的潜意识里不愿意让别人发现自己身体的变化，因而产生对异性的排斥心理。具体表现为，原来是两小无猜、互相打闹的好朋友，忽然变得生疏起来，互相回避，彼此不说话、不往来，男女界限"泾渭分明"。

2.异性吸引阶段

这一阶段在孩子12~13岁，将持续两三年的时间。孩子开始对异性产生好奇与好感，渴望参加有异性的集体活动。他们希望能结识有共同话题的异性朋友，这是孩子学习与异性交往的重要时期，他们往往能在活动中发现自己喜爱的异性类型。

3.异性眷恋阶段

这一阶段又称为原始恋爱期，是青春期发展阶段的第三个

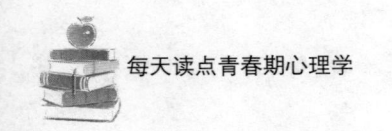

时期，大多发生在孩子15~16岁。在这一阶段，孩子心里蕴藏着强烈的眷恋，但又不敢公开表露，他们只是用精神心理交往方式来显示自己情感的纯洁性。同时，这也是孩子的性心理发展阶段，他们的内心虽然多了冷静与理智的成分，但是，却没有办法克制自己的行为。

每一个青春期的孩子都要经历这样一个过程：排斥异性——在群体中找到自己喜爱的异性类型——期望与自己喜欢的某个异性深入交流。如果父母仔细观察孩子，就会发现他在每一个时期的不同表现。对待孩子的性心理发展历程，父母不应粗暴地界定为早恋，而是学会理解他的这种对异性眷恋的心理需求。

小贴士

1.鼓励孩子多参加群体活动

在青春期异性相吸的阶段，父母应该鼓励孩子多参加群体活动。如果他在这一阶段没有获得更多参加群体活动的机会，没有在群体交往中寻找到自己喜欢的异性类型，那么，孩子有可能就会直接进入下一个发展阶段——眷恋某一个异性。在现实生活中，父母总是担心孩子与异性接触，尽可能地阻止他参加有异性的群体活动，殊不知，这样的禁令反而促使孩子提早进入早恋阶段。所以，父母要鼓励孩子参加对身心健康有益的活动，以转移其注意力，发泄其充沛的精力。鼓励孩子根据个人兴趣发展个人爱好,这样的话,早恋的行为会适当减弱或转移。

2.引导孩子正确与异性相处

青春期孩子对异性有强烈的好奇心,他渴望接近异性又害怕受到来自异性的伤害。作为父母,应该理解孩子的这一心理需求,鼓励他正常地与异性朋友交往,引导孩子在交往过程中,尊重对方的人格,真诚交往,互相学习。在与异性单独接触的时候,让孩子注意分寸,嘱咐女孩子尽量不要晚上单独与男孩子约会,如果对方提出一些无理的要求,要敢于说"不"。

青春期孩子易患钟情妄想症

情感受挫是青春期孩子遇到的普遍性问题,而较多的则是有早恋倾向的问题,例如,苦涩的"单恋"。教育家苏霍姆林斯基曾说:"教育要善于把握分寸,要有敏锐、体贴入微的态度,以便让爱情作为一种能使人高尚的珍贵情态,进入成长的年青一代的精神生活中去。"对待孩子苦涩的早恋,父母不要对之讥讽、责骂,而是理解孩子,引导他慢慢走出"单恋"的泥沼。

在青春期,孩子性心理开始成熟,思想活跃,尤其对异性更加敏感。有的孩子知道自己心仪的异性并不喜欢自己，但耳朵里却经常出现幻听的现象，他不希望对方再喜欢其他人。面对青春期苦涩的"单恋"，许多孩子能够正常处理：有的孩子把好感深埋在心底；有的则上前表白，遭到拒绝后平静下来；有的发现自己喜欢的异性"喜欢"其他人之后，反而努力学习，把这种感情挫折当作自己学习的动力。而少部分的孩子则跟下面案例中的孩子一样，患上了钟情妄想症。

这天，李妈妈急匆匆地跑进朋友的心理诊所，上气不接下气地说："不好了，我孩子离家出走了！"朋友端来一杯水，关切地问道："怎么了？出什么事情了吗？"李妈妈喘了一口气，才缓缓道来："我也是看了孩子的日记才知道整件事情的原委，我孩子今年刚上初二，今年9月份，班里转来一个外地的学生，一位个子高高的男生。孩子对那位男生印象很好，而那个男生有一个习惯，每次路过孩子桌子的时候，总是一只手按在孩子的桌面上，这时，他总是面带微笑，让孩子觉得很温暖。后来那个男生主动与孩子搭话，经常会向她问一些难题，因为我孩子在班里成绩一向不错。"

停顿了一会儿，李妈妈继续说："后来，那男生还主动拿着饭盒找孩子一起吃饭，孩子觉得那男生的一举一动，都表示他喜欢上了自己。国庆节的时候，男孩去了西安，买了几个石榴仙子的吉祥物，回来后送给孩子一个，说是可以当钥匙串儿,孩子感觉这是那个男生给自己的定情物。但是,没过多久,孩子发现那男生又与班上另一个女生坐在一起吃饭,时而说笑,时而打闹,孩子觉得那男生背叛了自己,生气得不上学,也不回家。"

通过心理医生诊断,案例中的女孩子所患的是典型的钟情妄想症。心理医生说,青春期女孩子得这样病例的很多,只是轻重程度不同而已。直到女孩子正式开始心理治疗之后,她还偷偷地告诉医生:"我坚信他一直喜欢着我,我把他当成自己唯一喜欢的人。"但这一切,那位男生并不知情。给女孩子诊断的医生这样说:"这是明显的钟情妄想症,是青春期女孩子很容易发的症状,这种症状的特点就是确认有异性喜欢自己,而且把这位异性当成自己的唯一,甚至,对方不能与其他人交往。这个女孩子在与那男生交往的时候,还经常想象着与他一起私奔。她羞于向男生表达,将感情困在心里,精神受到打击后已经有精神分裂的症状。"

小贴士

1.引导孩子正确看待"单恋"

父母可以告诉孩子:"进入青春期的孩子,对异性存有好感,这是正常的心理现象,是生理和心理发育的结果。如果某个异性同学表现很优秀,引起你更多的注意和好感,这说明你是一个追求成功的孩子。你对异性怀有单方面的好感,这并没

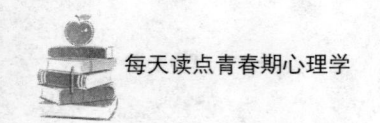

有错，但错在你自己没有把握好度，过了这个度，你就会想入非非、自寻烦恼。如果你觉得对方很优秀，那么，你更应该珍惜时间，努力学习，让自己变得跟对方一样优秀。"

2.了解孩子"单恋"的原因

心理学家认为，感觉只是人们认知客观事物的一种初级形式，它所反映的只是事物的个别属性，有时往往对事物产生不正确的反映。对此，父母可以询问孩子"你喜欢对方的哪些方面"，了解孩子"单恋"的原因以后，要及时告诉他"你这种产生在感觉基础上的爱恋只是一种感觉感情，并不是真正的爱情，不要过分相信自己的感觉，免得作茧自缚。"

及时给孩子打好"早恋"预防针

随着人们生活水平的普遍提高，青春期孩子得到了更充分的营养供给，再加上社会环境有形无形的"性"刺激，使得许多孩子性成熟的年龄提早到来，导致现在青春期孩子谈恋爱的年龄越来越早。针对这样的情况，父母应该有一定的思想准备，不能"自然教育"，任其发展，更不能粗暴对待。在早恋这个问题上，父母应该及时给孩子打好"早恋"的预防针。

青少年教育专家称，处在青春期的孩子，他们在与同性同龄人形成亲密朋友关系的同时，由于性的萌动而导致对异性的关注和恋爱的感情。而且，在青春期的过程中，这种关注会不断增强，以至于对某些特定的异性发出爱慕之情。其实，这本身是一件很正常的事情，父母不要一味地担心与干涉。父母应该信赖孩子，尽量以朋友的身份平等地与他谈心，引导孩子处理感情的问题，培育孩子约束自己的能力。

最近，张妈妈无意中浏览到这样一条帖子："为孩子找性家教的进来看"，具体内容是："本人，男性，曾尝试做过两次性家教，分别对一个初一男生和一个高一男生进行性心理辅导。对于青少年性教育，我可以给你的孩子带来丰富的性知识，使他们避免过早的两性接触，让他们顺利完成学习。"

看见这条帖子，张妈妈心中一动，她坦言："如果她是一位女孩，我一定让她给自己的孩子补补课。孩子进入青春期以后，突如其来的生理变化常常让孩子手足无措，但又不好意思问我们父母。孩子现在正在上高中，她爸爸每天忙着做生意，照顾孩子生活起居还有督促孩子学习的担子就落在我的身上。虽然说我们母女两人平时相处得比较融洽，但性教育这个敏感的问题让我觉得很棘手，由于两代人之间的代沟，有些话不好意思开口。如果有和孩子年纪相仿的人能跟孩子谈这个问题，正确引导孩子，就再好不过了。"

张妈妈继续说："上个学期期末考试之前，孩子跟我说，班里有个男生喜欢她，但她不喜欢这个男生。我当时就跟孩子说，如果喜欢那个男生，就应该和他在学习上互相帮助、互相鼓励，千万不要荒废了学业。在说这些话的时候，我虽然表面很坦然，但心里却是忐忑不安，担心孩子跟那男生发展下去。我知道跟孩子说这些不会起太大的作用，但是又不知道该怎么来引导孩子。我觉得在早恋这个问题上一定要给孩子打好预防针。"

孩子的早恋大多是青春期朦胧、单纯的爱，他们对两性之间的爱慕似懂非懂，根本不知道如何去爱，只是觉得和对方在一起很开心，感觉到对方对自己有吸引力。这样的情感缺乏成年人谈恋爱时对家庭、经济等多方面的深沉而理智的考虑。一般情况下，孩子早恋得较早、较多，这可能与孩子发育比较早有关系。

大量早恋的案例表明，孩子早恋成功者实在太少，随着两个人在各方面的不断成熟，由于性格、理想等方面的变化会引起感情的变化，如此的感情缺乏稳定性。当然，这些也是父母担心孩子早恋的原因之一。

小贴士

1.性教育是需要的

家庭教育包括很多方面，父母千万不要将某些教育推给学校，而是需要自己亲力亲为。当孩子进入青春期，父母应该对他进行性教育，以及适当的恋爱、婚姻教育，打好早恋的预防针。如果发现孩子有早恋的苗头，不要慌张，而是对他给予热情的帮助，不妨对孩子说："哪个少年不钟情，哪个少女不怀春，我是过来人，在你这个年纪，会特别喜欢一个男生，这是很正常的，但这样的喜欢只能保持在友谊的层面，不能恋爱，因为你们正处于长身体、学知识的黄金阶段，心理、生理发展尚未成熟，如果因为早恋而荒废学业，这是非常可惜的。"

2.冷静面对孩子的早恋

某些父母发现孩子早恋，就责骂他，甚至冲到学校、对方的家中，或者向亲戚朋友诉苦，结果把这件事情搞得满城风雨。其实，如果发现孩子早恋，最好的办法就是理解他，耐心倾听孩子的诉说，给他热情、严肃的忠告，运用"冷处理"的方式。

引导孩子正确处理异性的追求

在成长的岁月里，任何一个处于青春期的孩子，都有可能碰到异性的追求，这是一种正常的现象。对孩子而言，随着青春期的情窦初开，对异性产生渴望，并在暗中祈祷爱神的降临，这就属于正常的心理。但是，让孩子感到麻烦的是，不少

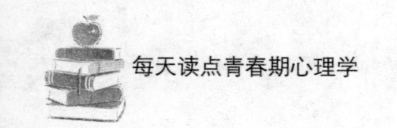

孩子在与异性的交往中，常常会遭遇"落花有意，流水无情"的情况，自己中意的人未必会喜欢自己，而那些自己不喜欢的人却偏偏对自己有好感。孩子在面对这种情况的时候，常常感到手足无措，不知道如何拒绝对方，也不知道如何保护自己。

李妈妈讲述了这样一件事：

那天，我帮孩子打扫房间，无意中碰到桌子，一本书掉了下来。我赶紧捡起来，可是，却发现地上有一张粉红色的信笺，难道这张信笺是放在这本书里的？我想了想，打开信笺，原来这是一封情书：某某，犹豫了好久，还是决定给你写这封信……你不要猜测我是谁，我只是一个默默喜欢你的男孩子，我很普通，普通到你可以忽略不计……希望你每天都那么快乐。一看见那潦草的字迹，我就猜出这是一个男孩子写给孩子的情书。我心里又是高兴又是担心，高兴的是孩子在班里原来那么受欢迎，担心的是孩子会怎么处理。前不久，我才跟孩子谈了一次话，给她打好了早恋预防针，孩子也拍着胸脯向我保证："妈妈，我不会早恋的，如果我遇到了感情问题，一定会跟你说。"

晚上，孩子像往常一样回到家，但我发现她有些心神不定，不时地望着我，好像有话要说。果然，晚饭之后，孩子来厨房帮我收拾碗筷，低声跟我说："妈妈，我收到了一封情书，该怎么办呢？"我没直接说拒绝，而是问孩子："那你喜

第 8 章 早恋心理，善待孩子稚嫩的爱

欢那个男孩子吗？"孩子摇摇头，我心里有底了，对孩子说："那么，你应该委婉地拒绝他，告诉他，现在你们年纪还小，首要的任务是学习……"

这一时期，青春期孩子有这样一个心理特点：害怕失去朋友。人天生就害怕孤独，孩子也是一样。在他们看来，自己交到一个知心的朋友很不容易，他怕拒绝了对方连朋友都没得做，所以，在对待异性求爱时往往犹犹豫豫、当断不断。还有的孩子不懂得拒绝的技巧，他们不会开口拒绝他人，当然，这与孩子有没有胆量没有关系。那是因为孩子不习惯说"不"，觉得说"不"很别扭，但又不会委婉地拒绝，最后，他们只好自己忍着不说。

如果孩子意外地收到异性求爱的字条、信件，父母应指导孩子正确对待，冷静处理，建议孩子向对方明确表达自己的态度。

小贴士

1.引导孩子正确对待异性的追求

如果孩子收到了异性的求爱信件，父母可以建议孩子表明自己的态度，例如"我们现在年龄还小，还处于求知阶段，不应接受这份感情"。只要跟对方晓之以理，对方一般都会尊重这样的选择。父母需要提醒孩子"在给对方答复的时候，态度一定要明确、坚决，不能含糊其词，使对方产生误解"。

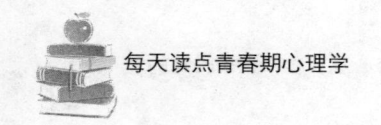

2.引导孩子尊重对方的感情

另外,父母需要告诉孩子,一定尊重对方的感情,可以这样教导孩子:"喜欢一个人没有错,一定要尊重对方,不要轻易将对方的信件、字条公布于众,更不要当众嘲笑对方,这样会伤害对方的自尊心,还会使事情变得复杂起来。"

3.引导孩子正确应对无理纠缠者

如果孩子碰到那种无理纠缠或以死相威胁的异性,父母需要告诉孩子见机行事。例如,可以暂时先假装答应对方,稳住对方的情绪,然后把这件事情告诉老师,让老师给对方做思想工作。在使用这种拒绝方法的时候,父母需要孩子记住这一点:"暂时答应对方要求的时候,只能做口头的承诺,绝不能答应对方不合理、更进一步的要求。"

别粗暴地摧毁孩子爱的幻想

孩子早恋了怎么办?许多父母发现孩子早恋,或者怀疑孩子早恋,往往会慌了手脚。现代社会竞争日益激烈,父母担心孩子早恋会影响学习、影响个人前途,又担心孩子越轨对身体造成终生的伤害。在这样的情况下,父母很难冷静处理,在极端焦虑中通常会采取一些不理智的做法,例如,盯梢,翻看孩

第8章 早恋心理，善待孩子稚嫩的爱

子的日记、手机等。但是，父母如此粗暴的行为反而会造成孩子更严重的"逆反"心理。

对于青春期的孩子，他们已经到了"晓之以理"的年龄。父母若是跟他讲人生的发展方向、人生的利益，只要讲得有道理，对孩子是能够起作用的。早恋是每个孩子成长过程中都可能面临的问题，父母不要把它看作洪水或猛兽。在下面这个案例中，张妈妈的做法就很值得提倡，在发现孩子早恋的时候，做父母的要多反省自己，耐心倾听孩子的心声，给予孩子更多的关爱。这样，孩子才可以从早恋的经历中成熟起来。

半年前，张妈妈发现刚上高一的孩子有些不对劲。每天放学后，她就钻进自己的小房间，还把门也锁了起来。平日里，孩子与父母之间的交流很少，也就是饭桌上的只言片语。这个月以来，从小学习就不用父母操心的孩子成绩忽上忽下。那天晚上，张妈妈无意中撞见孩子跟一个男生一起放学回家，那男生高大帅气，看样子两人很聊得来。

发现了孩子的秘密，张妈妈和张爸爸都很吃惊，其实，孩子恋爱，与父母有一定的关系。平日里，张妈妈花了更多的时间在购物和打麻将上，而张爸爸则忙于公事应酬，他们对孩子的学习状况很少过问，只是每天给孩子一些钱。

这无意的发现让张妈妈意识到自己的失职，为了多了解孩子，"看"住孩子，张妈妈痛下决心，不再和"麻友"在牌

桌相会，而张爸爸也尽量早点回家与孩子谈心。每个星期，父母和孩子还定期出去郊游或购物。随着家庭气氛的和睦，孩子与父母之间的交流也多了起来。半年以后，张妈妈发现孩子能以同学身份与那位男生相处，学习成绩也提高了不少。高中毕业，两人分别考上了国内的两所重点大学。

在心理学上，有一个睡眠效应：当事情在发展过程中遇到难题的时候，不要采取强迫的手段，而是给出一段冷却的时间，之后再去解决，问题往往会迎刃而解。早恋的孩子通常会想办法找机会与异性在一起，他们越是经常接触越是不容易分开，对此，父母不妨劝说孩子先理智地分开一段时间，将这份感情冷冻起来，这样有助于帮助孩子做出正确的选择。

小贴士

1.向孩子坦言自己的忧虑

有时候，孩子并不知道父母在担心自己，而且，早恋的孩子尚未形成成熟的爱情观，他需要父母的引导。在这样的情况下，父母可以向孩子坦言自己的忧虑，包括对他学习状况的担心，对他情感状况的忧虑。父母可以跟孩子说："恋爱可是人生的一件大事，你对你们的事情认真考虑过吗？""感情问题，可不是一件简单的事情，这么快就决定与他确立恋爱关系，是不是早了一点？"

2.与孩子温和地交流

害怕父母知道自己的恋情,这是早恋孩子惯有的心理。一般情况下,只要父母一说到早恋问题,孩子就会产生戒备心理。所以,父母在与孩子谈感情问题的时候,需要控制自己的情绪,不能粗暴对待,要心平气和地与孩子交流,就好像朋友聊天一样。而且,在倾听的过程中,父母不要做任何评价,即使觉得气愤、可笑也不要表现出来,这样他才能对你说真话。

3.与孩子做一些小"约定"

如果你已经想尽办法,孩子还是不能放弃早恋,不能停止与异性约会。这时,父母也不要着急,可以与孩子约定一些事情,例如,在约会时不要做与年龄、身份不符的行为;不要跟他去一些阴暗、封闭的场所。当然,与孩子的这些约定,并不是放纵他早恋,而是避免孩子由于缺乏早恋指导而失控。

第 9 章
心理欲望，谁的青春不张扬

处于青春期的少男少女，谁的青春不张扬呢？在这个最美好的年纪，他们希望打扮得时尚漂亮，希望可以吸引所有人的眼光，希望自己可以肆意地释放整个青春的活力。在这一阶段，孩子的人生观、价值观需要父母有效地引导。

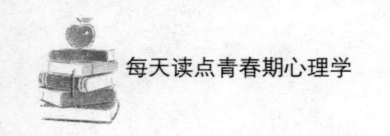

孩子爱美没有错,父母可以这样引导

人都喜欢得到别人的赞扬以及不甘心落于人后的愿望,是根深蒂固的。尤其是处于青春期的孩子,他们把时间用在打扮上,其实是有特殊的心理功效的。有可能是为了吸引异性的注意,同时,引起同性孩子的羡慕。每当出现这种情况的时候,他们就会感受到一种心理上的满足。

追逐时尚与美丽已经成为当今社会的一种潮流,时尚文化以自身独特的方式深刻影响着青少年价值观的形成与发展。青春期的孩子思维活跃,具有较强的接受力和表现欲,他们往往追求眼下最时髦、流行的生活以及消费方式,部分人甚至把幸福生活更多地理解为时尚生活。作为父母,应该引导孩子理性地看待时尚文化,引导少男少女形成正确的时尚观,树立正确的价值观。

一位母亲说:

我儿子正在上初二,个子不怎么高,他平时兴趣爱好很多,如唱歌、玩滑板、跳街舞等。最近,我发现儿子越来越讲究穿着。他总是喜欢穿新衣服、新鞋子,那些旧的则很少问津。他每天早上起来很早,但并不是用来学习,而是反复换衣服，照镜子，直到自己满意才出门。有时候，上午穿一套，下午还会再换一套。

前不久，他爸爸去外地出差，给他带回来一套300多元的衣服，看上去挺时尚的。当时，儿子的眼睛都亮了，抑制不住兴奋地说："明天我就穿着去上学。"我提醒说："可你身上这身是今天才换的，怎么换衣服这么勤？"儿子却对我说："妈妈，这是时尚与美丽，你不懂的啦！"其实，儿子穿什么衣服，我并不太在意。我比较关注的是他对穿着过于注重的行为以及背后的心理。他太热衷于打扮，过分注重穿着，在同学中太惹人注意、太花哨，会分散他学习的精力。

通过这位母亲所讲述的事例，不难看出，青春期的孩子伴随着自我意识的增强，他们比较"爱美"，喜欢打扮自己。在这个年纪，他们已经懂得什么是时尚与美丽。在青春期以前，大多数孩子的穿着打扮都是父母包办，往往是父母买什么衣服，他就穿什么衣服。但是，一旦孩子进入青春期，他们在关心自己内心世界的同时，也会把大量的精力与时间用在打扮自己上面，如穿衣、发型等，热衷于追逐时尚与美丽。

雨果说："理想无非就是逻辑的最高峰，同样，美就是真的顶端。艺术的民族同时也是彻底的民族，爱美就是要求光明。"心理学家表示，那些懂得自我欣赏、追逐美丽的孩子，他们往往更自信、乐观，更容易获得幸福与成功。

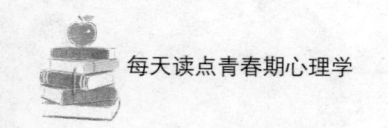

孩子爱美是天性，这并不是什么错误，当然，面对时尚潮流，则需要父母积极引导，帮助孩子树立正确的价值观。

小贴士

1.教会孩子认识美的本质

本来，青春期的孩子爱美打扮是很自然的事情，这是无可厚非的。但是，由于孩子对美的本质认识还很肤浅，他们在追求美的时候往往会出现一些偏执倾向，例如，盲目节食减肥保持苗条的身材，穿着打扮过分追求成人美。于是，他们在追随时尚的时候、刻意修饰、矫揉造作，使得孩子失去了纯真、健美和青春气息。对此，父母不妨告诉孩子："美的本质就是真实，即使你不打扮，你一样美丽，因为你纯真。相反，你若是过分打扮，反而失去了少年的纯真，这样反倒是不美的。"

2.让孩子选择适合自己的时尚潮流

青春期的孩子经常跟着时尚走，社会流行什么，他们就追逐什么。对孩子盲目追逐时尚潮流的现象，父母应该有一定的警惕心理。可以告诉孩子："时尚其实就像浪潮，或许，你认为现在流行的是美的，但是，过不了多久，它就被淹没在大海里，因为新的浪潮又打过来了，而你追逐时尚的过程，其实就是一个永远没有办法停下来的过程。而且，孩子，真正的时尚来自内心，而不是外在表现，就算你打扮得再时尚，但你其实就是一个中学生。"如此，引导孩子在面对时尚潮流的时候，需要选择合适自己的,而不是盲目追逐。

别轻易嘲笑孩子的偶像

"追星"行为是指青春期孩子过分崇拜、迷恋影视明星和歌星的行为,心理学家表示,偶像崇拜是青少年时期的重要心理特征之一,是青春期心理需要的反映。青春期孩子"追星"的心理是多方面的。

替代满足心理:在青春期,孩子的性意识日益发展,他们对异性的情感也日益丰富。这让他们开始幻想自己恋人的形象,不过,由于条件不成熟,渐渐地,他们把对异性的幻想转移到明星身上,以此获得满足。

从众心理:青春期是一个追逐时尚的时代,在这一时期,孩子有较强的好奇心和模仿力,他们喜欢标新立异、追赶时髦。一旦时尚潮流袭来,他们就极力模仿,希望自己不落伍。而对于这些孩子来说,明星则是创造时尚、领军潮流的代表人物。

炫耀心理:一些孩子刻意模仿明星的作风,收集明星的资料,把这些作为与同龄孩子交谈时炫耀的资本,以此抬高自己的身价。一些对明星了解较多的孩子,他们在谈论这些的时

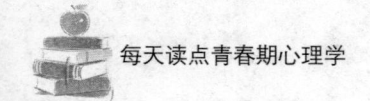

候，往往会体验到一种自豪感、满足感，觉得自己有了面子，在同伴面前有了地位。

一位颇具智慧的母亲向我们讲了这样一个故事：

我孩子正在上初中，她很喜欢张学友，还参加了学校里组织的"歌迷"团，支持心中的偶像。她房间的墙壁上贴满了张学友的海报，嘴里经常说的都是"张学友怎么了"，而且，回到家，还鼓动我和她爸爸为张学友投票。我觉得孩子追星太疯狂了，好像有点过头了，但是，我并没有责备孩子，而是想弄清楚她到底喜欢张学友哪里。

我开始跟孩子一起听张学友的歌，我对孩子说："我也来听听，我孩子喜欢的歌手一定有他的过人之处。"孩子马上兴奋起来，滔滔不绝地说了起来，我意识到他在孩子心中的位置。我认真听了张学友的歌，唱功果然好，感情也很真挚。而且，我了解到张学友很早就出道了，不仅唱歌唱得好，演技也不错，最重要的是拥有一个幸福的家庭，平时为人处世非常低调。我心中一动，可以引导孩子欣赏张学友的多才多艺。在我的引导下，孩子学习比过去更认真了。当然，为了能与孩子站在同一战线，我还积极为孩子买张学友演唱会的票，这样一来，孩子更信赖我了。而我也借机给孩子讲了许多关于追星的话题，渐渐地，她懂得了喜欢一个明星，需要看到明星身上的闪光点。如果对方仅仅是歌唱得比较好，那么，听听歌就

第9章 心理欲望，谁的青春不张扬

好了。

案例中的母亲确实是一位了不起的母亲，她懂得尊重孩子、理解孩子。在了解孩子追星的过程中，她巧妙地通过明星的榜样作用，激励孩子成长进步。青春期的孩子追星，是一种普遍的现象。当然，青春期的孩子心理不成熟，容易盲目崇拜，行为情绪化，在追星的狂热之下，很容易失去理智，出现疯狂的行为。如此的追星行为会影响到孩子的学习和身心健康，面对这样的情况，父母应该加以重视，积极引导，让孩子学会欣赏偶像的内在美。

中国教育家孙云晓说："我们每个人都有自己的偶像，父母也一样，所以父母千万不要嘲笑孩子的偶像。"青春期的孩子需要引导，在追星方面更是如此。

小贴士

1.让孩子学习偶像的优点

"名人效应"产生的心理基础是孩子对明星的崇拜心理、移情心理。在家庭教育中，父母可以巧妙利用名人效应，这可以解决不少难题。例如，你希望孩子养成好的习惯，但孩子却总是不听。那么，你可以告诉孩子："你喜欢的某某明星小时候就是这样""你崇拜的偶像就是这样认为的"。孩子听了，往往会如父母所愿，自觉改掉坏习惯。

-167-

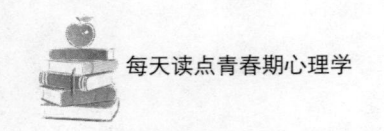

2.了解孩子喜欢的明星

喜欢娱乐是孩子的天性之一,孩子追星是一种理想的天真,同时,也是一种激情的盲目。如果看到孩子追星,就采取扔掉明星的CD、撕掉明星的相片等方式,非但不能让孩子回头,反而会酿成悲剧。父母只有了解孩子所喜欢的"明星",才可以与孩子谈"明星"。而父母对"明星"的一些客观评价,对孩子的价值观往往能起到潜移默化的作用。

那些陪伴孩子青春期的摇滚乐

摇滚是一种精神,它倡导自由,倡导大家敢于挑战传统观念,鼓励人们发泄出自己对社会的不满,揭露社会的阴暗面,反映出人类内心真正的痛苦、欲求。在现实生活中,许多父母认为摇滚是猛烈的失真、不羁的眼神、漠视一切的态度。也正因为如此,许多父母极力反对自己的孩子听摇滚乐,担心孩子会被摇滚的豪放、狂热、不羁所影响。

当然,父母的这种看法是片面的,摇滚乐有不同的风格,每种风格都有其特殊的感情表达方式。这需要父母仔细分辨孩子所喜欢的摇滚风格,才能判断摇滚乐是否对孩子有不利的影响。

第9章 心理欲望，谁的青春不张扬

喜欢摇滚乐的青少年，大多存在这样的心理：他们叛逆，反对世俗，和大家的观点、想法不一样；心理敏感，很感性；内心深处在某方面很自卑，但在某些方面很自大，看不起很多东西；悲观，尤其是在孤独时更加失落；心胸狭隘，他们在表达感情或情绪时很直接，不太顾及他人的感受；喜欢幻想，希望通过幻想来改变这个世界。

本来，孩子喜欢听歌是一种情趣，但是，一位父亲却为此担心起来。他对我们说："我儿子正上高二，平时最大的爱好就是听歌，以前我也没怎么关注他的这些爱好。因为我对音乐也不怎么熟悉，也就喜欢听一点20世纪80年代的老歌。可前不久，我发现孩子经常躲在房间里听一些极具震撼力的歌曲，而且，经常把声音开得很大，震得房间都一颤一颤的。我好奇地问孩子'你听的都是什么歌曲啊？'儿子很得意地回答说'摇滚，老爸，你没听过吧，快过来听听'。可能是年纪大了，听着那声音我的耳膜就受不了，儿子称这是重金属音乐，我也搞不懂其中的差别。"

停了一会儿，那位父亲继续说："其实，当时我也没怎么在意，可能觉得他们这个年纪估计都在听这类的歌曲。可我问儿子，他却说班里仅有一两个同学喜欢听这样的歌曲。我表示很不理解，他却告诉我，音乐是很私人化的东西，能够真正喜欢音乐不容易，音乐不像电影，人人都可以看得懂。虽然，儿

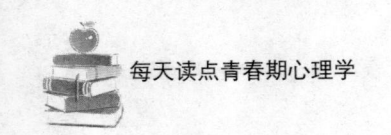

子喜欢听摇滚乐，这可能不是什么大事，关键是我对摇滚乐又不熟悉，就是担心儿子会听了不好的音乐而影响他的心理，现在，我也不知道该怎么办了。"

对于大多数父母来说，摇滚乐只是一种模模糊糊的印象，可能他们一辈子也不会关注到"摇滚"这个词。不过，走在大街上，经常会听到一些青少年在谈论摇滚乐，这不难看出，摇滚乐深受许多青春期孩子的喜爱。摇滚乐给人们带来的不仅仅是听觉上的冲击，更多的是对思想的影响。摇滚乐有积极向上的，也有消极低调的，有大胆抨击的，但也有掺杂着颓废的因素的。如此复杂多变的摇滚乐是否适合青少年？不难看出，案例中父亲的担心是很有必要的。

那些喜欢摇滚的孩子大多数会把摇滚当作一个出口，发泄心灵深处激情的出口。通过摇滚，他们追求自由，发泄心中的不满。青春期是一个充满挫折的时代，孩子在追求独立生活的过程中，往往会遇到一些困难与烦恼。他们内心苦闷，又不愿意将心中的烦恼向父母倾诉。在这样的情况下，摇滚乐往往能引起孩子的心理共鸣。

小贴士

1.建议孩子选择内容和情调健康的音乐

现代的流行乐坛也充斥着一些粗制滥造、庸俗低下、过分凄婉悲惨的音乐，这会使孩子陷入低迷的情绪，有的孩子还会受到歌词的影响，产生颓废的心理。当然，好的歌曲往往催人奋发向上，让人热情澎湃。孩子在选择听什么音乐的时候，父母可以建议他们选择内容和情调健康的音乐，不要去听那些颓废无聊、格调低俗的音乐。

2.引导孩子别盲目追求所谓的时尚

美国科学家曾做过一些实验：在摇滚乐的作用下，植物会枯萎下去，动物会渐渐丧失食欲。而摇滚乐对人的危害也是相当大的，不仅能导致人的听力下降、精神萎靡，还会诱发一些身体疾病。听摇滚乐对青少年来说是一种时尚，不过，父母应建议孩子选择适合自己的摇滚乐，而不是盲目地追求所谓的时尚。父母可以告诉孩子"好的音乐才会使你身心得到健康的发展，反之，只会影响你的身心健康"。

引导孩子正确对待偶像

现代社会，在经济飞速发展的同时，人们的价值观念也日趋多元化。不少媒体为了吸引眼球，为了聚集人气就大搞造星、选秀活动，电视上，天天都是俊男靓女，大款、大腕星光闪耀，明星的举手抬足都是新闻，他们的生活细节被无限放大，所谓的"绯闻"占据了整个版面。

这些让许多青春期的孩子完全迷失自我,在他们看来,明星的生活才是最成功的生活,明星的行为才是正确的行为,把明星当作偶像,把明星当作完人,至于什么雷锋、张思德、黄继光等真正的英雄通通都被他们抛到脑后。

一直以来,中华民族的传统中,就是把那些威武不能屈、富贵不能淫、忠诚不二的人当作崇拜的偶像,把那些为国立功、为民请命、为社会做贡献的人当作偶像。古有屈原,今有雷锋;古有民族英雄岳飞,今有用身体堵枪眼的黄继光;古有刚直不阿、执法如山的包拯,今有一生都在平凡岗位上默默为人民服务的张思德。

这是一位老师的自述:

我是一位老师,也是一位家长,因为我的儿子是我的学生。在昨天的班会课上,我对全班进行了一次匿名式的问卷调查,在这个问卷调查里有这样一项传统的题目:"请你写出最崇拜的对象姓名,限定一名。"问卷调查结束以后,我当时就在班上针对这个传统的题目展开讨论,我将同学们写出的名字写在黑板上。一时之间,只见黑板上出现了"刘德华""张学友""张国荣""张柏芝""谢霆锋"等,全班45名同学,竟然罗列出来35位明星人物的姓名。

我不知道这是怎么回事,我想不明白的是全班学生没有一个人写华罗庚、陈景润,甚至连居里夫人都落了榜。晚上回到家,我问儿子:"你写的偶像是谁?"儿子很自豪地说:"20世纪80年代的四大天王之一——刘德华,虽然他老了一点,但我就是喜欢听他的歌。"听了儿子的回答,我感到很忧心,现在的孩子已经把明星当作自己的偶像了。

青春期的孩子正处于生理的发育期,性格还没有定型,心理也还没有成熟。他们判断好坏的意识还比较模糊,分辨是非的能力也还不强。因此,孩子在价值观的形成上很容易受到外界的诱惑,在树立人生观上很容易受到社会的左右。而在他们这个年龄阶段所体现出来的特点是"模仿多于自觉,从众多于主见"。尤其是那些明星偶像对青少年的影响力更是巨大:从他们的日常言行到他们的价值观念,从他们的穿着打扮到他们对观众的态度,都是孩子模仿和追随的范本。

小贴士

现代社会的孩子似乎早忘记那些为社会、为人类、为世界做出杰出贡献的人,面对孩子疯狂的追星行为,甚至把明星当偶像,作为父母,该如何引导呢?

1.让孩子了解真正的偶像

许多孩子喜欢明星的理由竟然是"长得漂亮""帅气""歌唱得好""打扮够时尚",在这样一些肤浅理由下,他们轻易地将明星当成偶像来崇拜。对此,父母需要告诉孩子:"偶像值得崇拜的原因在于他为社会、为人类、为世界做出了杰出的

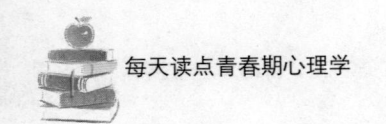

贡献，在他身上有值得我们欣赏的高贵品质，或许，他们身上并没有什么耀眼的光环，他们就跟你们一样，只是一个普通人，但是，他们的一生不平凡……"

2.引导孩子以理智态度面对明星

在孩子追星的时候，父母可以引导孩子主动说出自己喜欢的明星身上的不足，例如，明星的发型、服饰、表情、习惯动作、口头禅等。又如，有的明星醉酒驾车、有的明星吸毒、有的明星对着记者说脏话等。帮助孩子学会分析，引导孩子以理智的态度来面对明星。让孩子明白，明星也是人，他也有缺点，并非他说的每一句话都是真理，每一种行为都是榜样。

3.让孩子学习偶像的可取之处

榜样的力量是无穷的，每个孩子都需要树立学习的对象。父母需要做的不是让孩子不再追星，而是让孩子选择正确的偶像。父母可以引导孩子亲近历史，了解一些中外名人、伟人，让孩子熟悉更多的科学之星、艺术之星，通过潜移默化，让孩子将他们当作真正的偶像。

青春期孩子喜欢与众不同

青春期的孩子追求叛逆、自由的生活，叛逆是青春期心理的一大特征，这一特征让许多孩子喜欢穿奇怪的衣服，企图让人看到他们的与众不同。而且，他们以这种方式来弥补心中的不安。

心理学家认为："如果一个人界限感薄弱的话，除了感到与他人不同之处，还很难把握和他人之间该保持多远的距离。"许多孩子对自己与别人的交往感到不安，对自己的生活也感到不确定，他们为了保持心理上的安全感，很喜欢穿着夸张的衣服，人为地与外界社会划清界限，以此缓解内心的不安情绪。

李妈妈向心理医生说出了自己的忧虑：

我孩子就读于一所重点中学，这半年时间来，本来性格温顺的她表现出一些怪异的行为。她喜欢穿奇装异服，还经常和一些乱七八糟的朋友玩到深夜才回家。我当时很无奈，只好将孩子送到一所行军学校去训练，想借此改掉孩子身上的坏习惯。

孩子从行军学校回来后，我和她的关系变得很僵，她故意不上学，故意和我作对。她觉得是我害了她，让她一个人在行军学校吃那么多苦，经常为这事跟我吵架。可最近一个月，

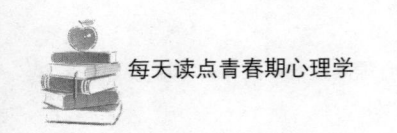

她不和我吵架了，反而窝在家里一声不吭。我看过一些心理书籍，发现孩子患上了严重的抑郁症。我真的很担心她，在孩子3岁的时候，我因与丈夫性格不合，选择了离婚。离婚后，我一个人带着孩子生活，而我为了孩子，这么多年也一直没有再婚。

　　对李妈妈所讲述的事例，心理学家说："大多数幼小的孩子在离婚后都是跟母亲生活，而现在女性职业压力大，又带着孩子，生活就显得更加艰难。孩子在缺少父爱之后，母亲对孩子往往表现出过分严厉或过分溺爱。案例中的孩子喜欢穿奇装异服、举止怪异，其实，就是缺乏父爱造成的叛逆心理。"

　　在大街上，到处可以看见一些"奇装异服"的孩子，有些孩子还只是初中生，他们刚刚进入青春期。青春期的孩子已经开始发育，并开始注重自己的外貌和打扮，他们最大的特点就是喜欢一些惹眼的装扮，让人一眼就能从人群中分辨出来。孩子如此"非主流"的装扮，让许多父母很是担忧，到底是什么原因让孩子这样打扮自己呢？

　　孩子到了青春期，有了强烈的自我意识，他认为怎么样打扮是自己的事情，他们不允许父母干涉，更讨厌父母对自己评头论足。其实，孩子的选择无可指责，或许，奇装异服能让孩子找到"特立独行""有个性"的感觉。孩子喜欢这样的服饰，其实是显示出他们心里的一种渴求。作为父母，在引导孩子的时候，需要一定的策略，否则，只会起到相反的作用。

小贴士

1.了解孩子喜欢的东西

孩子总是喜欢穿奇装异服，许多父母疑惑：是孩子审美有问题还是自己落伍了？其实，父母应该了解孩子喜欢的东西，如发型、头饰、服饰，弄清楚那些东西为什么吸引孩子，当你明白其中的原因之后，再跟孩子沟通自然就会有话题。

2.引导孩子选择适合自己的装束

莎士比亚曾说："如果我们沉默不语，衣裳和体态会泄露过去的经历。"你可以告诉孩子："如果你的打扮让人对你的身份产生不好的联想，那说明你的装扮很不合时宜。无论你是追求个性，还是追赶潮流，最好还是选择符合自身年龄、身份的装束，这样才会让你更加美丽。"

3.帮助孩子找回自信

如果孩子特别在意自己的外表，其实那是不自信的表现，他们想通过穿着奇装异服来证明自己与众不同。对这样的孩子，父母应该多肯定、赞扬，帮助孩子建立自信心。因为一个真正自信的人是不需要刻意来证明自己的，更不会通过奇异的发型服饰来引起别人的注意。

第 10 章

网络心理,帮助孩子找回注意力

现代社会,网络已经不再是一种新鲜的科技,它已经走入每个家庭。尤其是受到许多青春期孩子的喜欢,他们可以在网络上聊天、玩游戏、看电影、交朋友、购物,在孩子看来,网络就是一个全新的世界。不过,他们却不知道,这也是一个有着致命诱惑的世界。

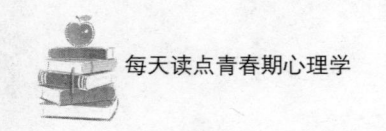

青春期孩子容易网络成瘾

研究发现，这样一些青春期孩子容易得"网瘾"：孩子感觉学习很困难，他们根本体会不到学习的乐趣，而上网打游戏可以获得一种虚拟的奖励，用来宣泄学习上遇到的挫折带来的压抑；有的孩子人际关系比较差，他们希望通过上网来逃避现实；有的孩子则由于父母的误导，许多父母只懂得限制孩子上网，而不懂得如何转移孩子对上网的注意力。通过分析发现，那些有网瘾的孩子身上大多有内向、人格缺陷、猜忌心强、小心眼、自私等性格特征。

一位苦恼的家长讲述了孩子沉迷网络的事情：

我孩子今年16岁，在当地一所重点中学读书。本来，她成绩还不错，我们对她的学习也没操什么心。可自从她上了初中三年级之后，就渐渐地迷恋上网络，从此一发不可收拾。有时候，为了不让孩子去网吧玩，我们拒绝给她钱，以为这样可以让她远离网络，但是，她竟然偷偷地从我们钱包里拿钱去网吧挥霍。后来，竟然发展到彻夜不归，沉浸于各种网络游戏的快乐之中。她的成绩也从一开始的中上水平直接降到全班倒数几名。我和她爸爸平时都忙于工作，没有多少时间管教她，等到

第 10 章　网络心理，帮助孩子找回注意力

发现这样的情况，为时晚矣。为了不让孩子继续这样下去，我们放下工作，好几次深夜走遍小区周围的网吧寻找她的踪影。

如今看到孩子这样，我很不甘心。我也曾多次向相关部门投诉网吧接纳未成年人，也惩罚过她，却还是制止不了孩子偷偷去上网。我一直就搞不清楚，网络到底有多大的迷惑性，把孩子害成这样？

随着互联网的普及和上网人数的增加，因过度沉溺网络造成的网络成瘾现象引起了社会的广泛关注。而其中，以青春期孩子的网络成瘾问题尤为引人关注。由于孩子过度沉溺网络，导致学习成绩下降、行为怪异，并出现各种心理障碍。当然，青春期孩子网络成瘾的原因是多方面的，例如网络本身的诱惑、青春期孩子的心理特点等。

表达情感的心理。情感表达是青春期孩子一个重要的心理需求，他们在网上与人聊天，可以使他们隐藏在内心深处的需求得到满足。在与网友的交流中，他们得到了情感交流、尊重和满足感。在网络里，他们表达情感的方式主要是聊天，无论爱好兴趣是什么，他们都不会感到孤独。

心理宣泄的需要。随着学习竞争的日益激烈，老师、父母对孩子的学习成绩要求越来越高。青春期孩子在这样的情况下心理承受着巨大的压力，许多孩子因为学习不顺利、人际关系紧张等，弄得自己很不安。而网络隐匿性、开放性的特点给孩

—181—

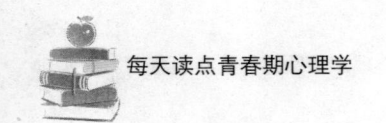

子适时转移、倾诉和宣泄自己的不良情绪提供了机会和场所。上网逐渐成了孩子释放心理压力、松弛身心的一种方式。

需求自我价值感。社会心理学家认为，为了使自己的人生具有价值，获得明确的自我价值感，人需要了解别人，需要通过别人来了解自己，需要爱与被爱，需要归属和依赖，需要有机会显示自己的优越和展现自己的优点。许多孩子对自我价值感不满足，而网络这个虚拟的世界给他们满足自己的价值感提供机会。

娱乐心理。网络被称为继报刊、广播和电视之后的第四媒体，它集文本、声音、图像、动画等形式于一体，孩子可以在网上打游戏、聊天、听音乐、看在线播放电影、读娱乐性文章。网络如此的特点正好与青少年具有的好奇、喜欢刺激、对新事物反应迅速、强烈的求知欲的心理特征相匹配。

小贴士

作为父母，应该认真分析孩子沉溺网络的原因，结合孩子的心理特征，采取一些适当的措施。

1.多与孩子沟通

许多父母与孩子沟通，总是居高临下，结果，即使你说得是对的，但孩子听来还是很反感。父母应该从孩子的思想出发，不要以长辈身份自居，这样只会导致孩子逆反。你不妨像朋友一样与他聊天，鼓励孩子多参加体育活动，引导他挖掘自身的潜在价值。

2.多关心孩子

大多数孩子沉溺网络的原因之一是感觉自己受冷落了，现代社会，经济日益发展，许多父母只顾挣钱而忽视了对孩子身心的照顾，使得孩子深陷网络的泥潭。对此，父母要多给孩子一些关心，对孩子的关心，不仅仅是物质，还有精神上的安慰。

妙招应对陷入网恋的孩子

青春期正处于学习的黄金时期，与此同时，过于紧张的学习也会给孩子带来很大的压力。他们稚嫩的心灵承受了那么多的重负，尤其是遭遇考试失利后，他们会感到一种莫名的绝望。但这些苦闷又无法向谁诉说，于是，在面对现实的时候，孩子选择逃避，开始沉溺于网恋。

想象中的爱情总是比现实中的美好，想象中的恋人是虚幻的、完美的，极具吸引力的，这就是网恋的魅力。孩子陷入网恋，长时间生活在童话般的完美世界，会使他对现实世界的适应能力下降，不利于孩子的身心发展。

这是一位家长的自述：

我是一位无奈的母亲，孩子正在上初二，我感觉自己很失败，面对孩子的网恋，我真的不知道该怎么办。

孩子是在小升初的假期里开始玩电脑的，无意中我看见孩子与一位网友在打情骂俏。我就问这是怎么回事，她说是游戏里的角色一个上海男孩，那都是游戏里认识的朋友，没什么。我当时也没往别处想，觉得孩子自己有定力，应该知道自己在做什么。可是，到初一开学，孩子还与那个上海男孩保持联系，经常聊天。

我对孩子说："你知道表姐的事情，她现在大学毕业出来当老师了，身边又有了如意的男朋友，如今，她享受工作、享受爱情，多好。"孩子表示同意，她开始好好学习，也不再玩游戏，不再和那个上海男孩联系了。可那个男孩子来找她，两人又聊上了，孩子还向我坦白："我喜欢那个男生，我不想伤害他。"我很吃惊，但没说什么，我怕过激的行为反而会起到反作用。

昨晚，他们又聊到11点多，早上孩子特意告诉我不要动她的手机，不要随便看她的短信。我答应了，但是当妈妈的我很想知道他们到底聊了什么，我偷偷看了她的短信，其中一条是男孩争取暑假来北京玩，这么说他们就要见面了，我该怎么办？

孩子进入青春期，父母对孩子的异性交往常常会有过度敏感的反应。为了防止或终止孩子早恋，父母绞尽脑汁，随时提防，有苗头时就及时扼杀，但是，实际结果却是发生在不知不觉中。许多父母感到很困惑，越来越多的孩子沉迷网恋，该怎

第 10 章　网络心理，帮助孩子找回注意力

么办呢？

现代社会，由于网络的便捷，再加上孩子的不成熟，网恋是很有可能的。那么，这些孩子网恋，到底是出于什么心理呢？

在许多家庭生活中，父母没有给孩子足够的关爱，彼此之间的情感交流更是少之又少。所以，孩子没有体会到家庭、父母那浓浓的亲情和爱意，使得许多孩子渴望在虚拟的网络世界里寻找一份爱，一份虚拟的爱。

小贴士

对于孩子网恋，父母应该采用哪些妙招呢？

1.监督孩子，避免其陷入网恋

有的孩子网瘾很大，不能在短时间内根除，怎么办？父母如果有多余的时间，可以陪着孩子一起上网，这样他就不好意思当着父母的面网恋，而且，还能帮助孩子合理安排时间。许多孩子明白其中的道理，但就是无法自拔，这时就需要父母采取一些稍微强制的措施。例如，控制电脑，或是网络，减少他上网的机会，只允许孩子在规定的时间内使用电脑。

2.与孩子进行情感交流

父母要对孩子进行情感交流，让他感受到父母的爱。即使父母的工作再忙，也要尽量抽出时间来关心孩子。多与孩子沟通，随时关注他的情绪变化，就会找到很好的办法解决孩子的

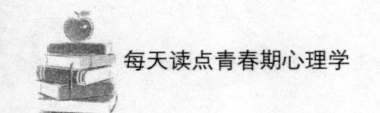

网恋问题。另外，父母可以告诉孩子网恋带来的坏处。例如，网恋会导致学习成绩下降，说出其中的利害，让孩子冷静思考自己是否应该网恋。

3.大方地与孩子一起讨论恋爱、异性的话题

在青春期，父母可以大方、自然地与孩子讨论恋爱、异性的话题。如果父母的忌讳越多、限制越多，就越激发孩子的好奇心、探究的欲望。对于孩子，父母要教会孩子自我保护，如辨别骚扰、拒绝诱惑、求助他人等自我保护的方法。

引导孩子远离网络游戏

几位家长坐在心理咨询室里，聊起了孩子沉溺网络游戏的话题。

家住东城的邓妈妈说："孩子高考之后彻底放松，曾连续上网10小时，天天待在家里玩网络游戏，不运动、不休息，我真担心她会玩上瘾而影响身体健康。"

黎先生满脸愁云："我们家一对双胞胎，高考后放假在家迷上了打游戏。前几天她们姐妹俩为争电脑玩网络游戏大打出手，看到她们为玩游戏而伤姐妹情，我非常生气，一怒之下扯下了键盘。以前她们利用周末玩玩放松一下也没怎么管她们，

第 10 章 网络心理，帮助孩子找回注意力

现在放假了更是变本加厉地玩，我早就想揍她们一顿了。"

坐在一边的杨女士也有同样的烦恼，她说："孩子现在正在读初二，就有玩网络游戏上瘾的倾向。前段时间，沉迷游戏的她提出不愿意上学，我当时生气地把网线撤了，结果，孩子待在家里任凭我们责骂就是不愿意上学，我实在是没辙了。"

那么，对网络游戏，孩子是怎么看待的？

不少孩子表示："终于结束了紧张的考试，可以无忧无虑地玩游戏了。"王同学介绍说："我们班里27位男生，大部分都会打网络游戏，但他们平时是上完课、做完作业才玩一玩，有些玩游戏的同学学习成绩也特别好，平时也不怎么见他们上瘾。如果假期没人监管，那就很难说了。"一位高三的女学生说："经历过高考，放松下来之后，我突然不知道该干些什么了。于是在网上打起了奇幻游戏，现在每天上网超过10小时，过着昏天黑地的日子。"

另外，不少孩子称，他们玩诸如"永恒之塔""热血英豪""冒险者""魔力宝贝"等游戏。有的游戏带有暴力、血腥、色情等因素。有的孩子还会在游戏中买武器，花几千元买装备、道具，他说："因为你想上一层，级数高一点，装备好才能打赢别人。"对此，教育专家表示，经常接触暴力游戏的孩子多少会存在一定的暴力倾向。

由于处于升学阶段的孩子学业和心理负担比较重，网络很

-187-

容易成为他们躲避负担和压力的"防空洞",并沉迷其中不能自拔。另外,由于青春期孩子不具备较高的识别和判断能力,无法自觉抵御不良信息的影响,这也会影响他们的身心健康。一些青春期孩子长期沉迷于网络游戏,导致出现一些精神和躯体的病症,影响了他们的健康成长。

小贴士

1. 父母要理解孩子的心理需要

青春期孩子沉迷网络游戏,大多数是为了满足某种心理需要。青春期孩子有许多的心理需求,但是,这些需求很难轻易得到满足,都需要付出艰苦的努力。然而,在网络这个虚拟的世界里,他们却能轻易地得到满足。在网络里,在游戏中体验到成功的乐趣,而且,这种成功的概率会大大增加。每打过一关,那种欣喜若狂的感受比在现实世界中要快乐得多。而且,这种感觉会强化他们参与网络游戏的行为,使他们沉溺其中不能自拔。

2. 父母对沉迷网络的孩子要有耐心

许多父母在向心理医生求助的时候,都会说"孩子上网已经几年了",试想,几年时间养成的习惯,会在几个月或者几天就改掉吗?作为父母,要想挽救那些对网络游戏着迷的孩子,除了具体的方法之外就是要有耐心。

3. 给予孩子更多的爱

在家里,父母要给孩子提供一个温暖、宽松、民主的环境,让他感受到亲情的温暖。对待孩子，要多鼓励，少责备。这样一来，孩子不会因为父母的批评而难受，不用为实现不了父母的愿望而担心。当孩子感受到家的温暖，他就会渐渐地远离网络游戏。

戒掉网瘾，不妨转移孩子注意力

青春期孩子一旦沉迷网络便难以自拔，给个人带来身心的危害。而且，长期沉溺上网，往往会造成孩子角色混乱、道德感弱化、人格的异化、学习的挫折以及健康的损害，导致其心理异常与精神的障碍，还会引发一些社会问题。

网瘾，表示青春期孩子对网络有一种莫名的激情，而这种激情简直到了痴迷的状态。许多网瘾孩子表示"我已经离不开网络了，虽然，我知道经常上网会影响我的学习，但是，看见电脑，我就会手痒，忍不住想去玩游戏、聊天""那种对网络的迷恋就好像吸毒上瘾了，戒不掉"。其实，不少网瘾孩子也有戒掉网瘾的想法，但是，每每到了关键时刻，他们又按捺不住内心的欲望。

李妈妈向心理医生讲述了孩子的病症："我孩子是初三年级的学生，她今年15岁，迷恋上网看玄幻小说已经两年。她从小个性就比较腼腆，说话细声细气，不喜欢参加班里的集体活动。她最喜欢的就是看科幻小说,是一个典型的《哈利·波特》迷,只要有新版书籍发行,肯定要在第一时间买上一本,而且,还要观看相关的影片。最近,她又迷上了玄幻小说和魔幻小说,说起《小兵新传》《幻城》《魔戒》等这些小说,她就神采飞扬、滔滔不绝,她平时自称新新人类。如果我说看那些小说没什么好处,她还会讥笑我不知道玄幻小说、奇幻小说等这些流行词,而跟她一说到学习,她就紧皱眉头,一脸的无奈。"

心理医生询问道:"我想,你孩子的作文应该写得不错吧。"李妈妈点点头,回答说:"是的,她偏文科,就语文成绩好一些。"心理医生继续说:"其实,你孩子也是有特长的,既然她的作文写得好,那么,你们就从她的特长入手,转移她的注意力,这样,她的网瘾就会减轻了。"

为什么会造成这样的情况呢?

处于青春期的孩子,他们的生理、心理尚未发育成熟。虽然,面对一些事情,他们已经能够冷静地思考,但是,他们的自控力还是远不如成年人。例如,有网瘾的成年人会自觉地想到自己还有工作要做,他们会果断地关掉电脑。但青春期孩子就没有那么强的自控力,在网瘾的折磨下,他们只会弃械投降。

除此之外,许多痴迷于网络的孩子眼里只有网络,他觉得没有什么东西比网络更有吸引力,因为只有在网络里,他们才会得到一种心理满足感,体会到成就感。其实,这样的孩子可能成绩比较差、人际关系不怎么样、父母也不关心自己，这种种挫败感导致他们甘愿走向虚拟的世界。

心理学家认为，当青春期孩子沉迷于某一件事情而无法自拔的时候，如果这时出现另一件更有趣的事情，那么，会稍微地分散其注意力。当他开始喜欢上那件有趣的事情，发现其实原来这个更有意思，那他就会脱离之前那件让他沉迷的事情。其实，对于孩子网瘾这个问题，父母也可以采取一些措施，达到转移孩子注意力的目的。

小贴士

1.激发孩子的潜能

许多孩子在学习上比较挫败，这让他觉得自己很没用，进而会将注意力集中到网络世界中。对这样的孩子，父母要善于去发现孩子的特长，激发他的潜能。例如，你发现孩子的文章写得不错，就鼓励他参加文学活动。一旦他在活动中获得成功，就会大大增强他的自信心。

2.培养孩子的兴趣爱好

发现孩子沉迷网络之后，父母不妨巧妙地引导孩子将激情转向自己的兴趣爱好。例如，孩子以前就喜欢画画，不妨告诉他"你不是最喜欢画画吗？我听说一位著名画家在图书馆开了一个画展，明天妈妈陪你一起去看，好不好？"有意识地培养孩子的兴趣爱好，转移其注意力。

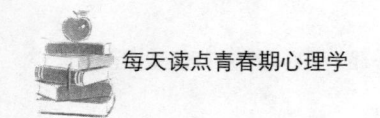

3.鼓励孩子多参加健康的娱乐活动

孩子天天面对电脑,他的精神和心理都处于一种颓废的状态。这时,父母不妨邀请孩子一起去郊外走走,散散心,让他呼吸新鲜空气,领悟到生活的美好。为了转移孩子对网络的注意力,父母要鼓励孩子多参加健康的娱乐活动,例如陪他打打球、做做游戏等。

别让孩子在网络世界越陷越深

心理学家认为,当一个人依恋的需求得不到满足,与家庭的亲密关系得不到满足,例如,失去了父母,或者生活在单亲家庭,缺少父母的关爱等,或者与周围的同学、老师人际交往困难,难以适应周围环境的变化等,都很容易产生独孤感、无助感。在这样的心理驱使下,许多孩子就会借助网络交友或玩游戏,通过虚拟的人际沟通和情感上的交流,获得一种安慰、理解和支持,以弥补现实生活中人际关系和亲情的缺失。但是,对网络的痴迷反过来使得孩子在现实生活中感到更孤独,他们远离了人群,缺少了原来的生活乐趣。

长时间上网会使孩子迷失在虚拟世界里,他们自我封闭,与现实世界产生隔阂,不愿意与人面对面地交往,渐渐地,他们便失去了社会功能。而一旦离开网络,他们便会产生精神障碍和异常等心理问题与疾病,在日常生活中举止失常、精神恍惚、胡言乱语、性格怪异,甚至,产生心理障碍。

小月刚刚上高一,却已经有两年的网瘾。父母常年在外地做生意,她从小就是由爷爷奶奶照顾。小时候性格比较内向,因觉得自己长相平平,经常会感到自卑、低人一等。现在刚上高一,她对高中生活和老师新的教学方式不太适应,经常觉得自己与同学缺乏共同语言,没有什么朋友。

就这样,她感到很孤独,于是经常到网上与网友聊天,在聊天中,她体验到一种乐趣,从此就一发不可收拾。以前上初中的时候,小月的学习成绩在班级中还处于中等偏上,可自从迷上网络,她就经常放学后直奔网吧。由于没有父母的管束,她的行为越来越肆无忌惮,最后竟然发展到夜宿网吧,学习成绩也是一落千丈。而且,与班里的同学交流越来越少,对班主任和老师也是避而远之。

在外地做生意的父母了解到小月的状况后,担忧不已,却又不知道该怎么办。

在上面这个案例中,孩子的问题主要还是出在家庭教育上。由于缺乏父母的管束,而且,爷爷奶奶年纪也大了,对小月管教不严。而她平时与父母的交流沟通也很少,无法得到父母的关怀和引导,因此,她的内心很容易产生孤独感。另外,

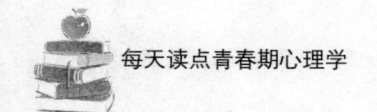

孩子进入高中后，由于学业的紧张，她很容易失去学习的积极性，从而转向虚拟世界寻求安慰。

在这个案例中，我们不难看出，"网络少女"常常是独自一个人面对着电脑，由于沉溺网络，她渐渐地疏远生活。当然，在这其中，她缺少的更多的是生活的乐趣。如果父母不及时加以引导，孩子会在网络世界里越陷越深。

许多网络孩子坦言："其实每一次从网吧出来，我都感到内心很空虚、很孤独，长时间地沉溺网络，我已经没什么朋友，我总是独来独往。内心的空虚让我一次次陷入网络，只有在网络世界里，我才体会到片刻的满足。可一旦从网络中抽身出来，我感到内心的那种空虚感变得更加强烈。"

小贴士

1. 鼓励孩子多结交朋友

网络成瘾的孩子大多都是独来独往，他们没有什么朋友。对这样的孩子，父母要多鼓励孩子结交朋友。一旦他体会到与朋友相处的乐趣，他封闭的心就会打开，慢慢地，他就会热衷于人际交往，而不再痴迷于网络。

2. 尽量多抽时间陪伴孩子

许多父母常年在外做生意，只顾着挣钱。还有的父母则是将大把大把的时间花在打麻将和逛街上，与孩子接触的时间不过就是饭桌上的那片刻。父母经常不在身边，孩子会感到自己不受重视，进而会把空虚的心理发泄在网络上。因此，父母要尽量多抽时间陪伴孩子，让他体会到生活中的乐趣。

3.让孩子融入家庭活动中

在周末或者假期的时候，父母可以组织一些家庭活动。例如，一家人去郊外野炊，一家人去外地旅游，一家人去逛街。最简单的就是一家人吃一顿饭。在现实生活中，许多父母忙得没有时间与孩子吃一顿饭。对此，父母要反省自己的行为，抽出时间让孩子融入家庭生活中，尽量让孩子体会到生活的乐趣。

帮助上网成瘾的孩子远离网络

网络是社会进步的象征，它渐渐地成为孩子获取信息、学习知识、交流思想、休闲娱乐的重要平台。但是，网络环境比较复杂，信息良莠不齐，而处于青春期的孩子涉世未深，阅历尚浅，在学校和父母的双重压力下，网络很容易成为孩子逃避责任、逃避压力的避风港，为此许多孩子染上网瘾。

青春期孩子染上网瘾的原因很多，诸如家庭不幸、缺少关爱等，这些问题都很容易导致孩子在虚拟的世界里获得情感上的满足感和心理上的成就感。有的孩子因为缺少父母的关爱而沉迷网聊，有的孩子则是因为学习压力大而沉迷网络游戏，有

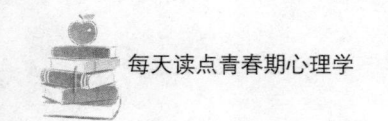

的孩子因为学习成绩不理想，就用打游戏升级的成就感来弥补学习的挫败感。

杨妈妈非常担心孩子，孩子是高中上网成瘾的，她看到同学玩游戏，慢慢地自己也开始玩网络游戏，高考后两个月没什么事情可以做，更是玩得欲罢不能。每天除了吃饭就是玩电脑，杨妈妈觉得孩子刚刚经历过紧张的高考，让她放松一下也未尝不可。只要孩子上了大学，应该慢慢就会好的。

可是，让杨妈妈感到苦恼的是，孩子上了大学，非但没有戒掉网瘾，反而愈演愈烈，经常逃课去玩游戏。杨妈妈苦心劝导孩子，孩子也知错，只是无奈地说："我知道这样不对，可我就是控制不住自己，怎么办呢？"

青春期孩子网瘾一旦形成，除了学业的荒废、身体健康的破坏之外，还有诸多不利的影响。许多深陷网络泥潭的孩子想戒除网瘾，许多父母想帮助孩子戒除网瘾，但是，屡战屡败、欲罢不能，让孩子对自己有失控的沮丧。学习成绩的下降、父母的失望让孩子陷入巨大的精神压抑和自我失望之中。如果这样的状况长时间得不到改善，孩子的一生都有可能受到挫折的消极影响。

那么父母如何判断孩子染上网瘾呢？

一是从上网时间看，如果孩子每天上网或是每周上网20小时以上，很可能有了网瘾。二是根据孩子的行为表现看，有网瘾的孩子眼神是空的、冷漠的。而且，上网成瘾后，他的性格和心理都会发生很大的变化，例如对生活失去热情，对亲人没有亲情，生活空虚、没有目标等。

> **小贴士**

1. 尽量让孩子在家上网

许多父母将网络视为洪水猛兽，为了不让孩子接触网络而把他推到家庭外面去，其实，这样更危险。因为孩子无法在家里上网，他就会去同学家上网，甚至会去网吧玩通宵，这样一来，后果将更加严重。

2. 使用包月限时宽带

现代社会是一个信息社会，如果要求孩子不上网是很不现实的。而不限时的宽带对于孩子来说是没有约束力的，不管上多少时间，也不用交钱，孩子上网就没有压力，这会给他创造上网成瘾的条件。孩子如果有了网瘾，一时难以戒除，那么，父母可以与他商量使用包月限时宽带，让他控制上网时间。每次上网，父母要规定好时间，循序渐进地减少孩子的上网时间。

3. 鼓励孩子参加一些健康活动

父母可以鼓励孩子多参加一些有益于身心健康的活动，例如体育运动、摄影、艺术类活动等，如果孩子能感受到生活中的亲情、友情，接触到更有益的事情，就不会沉迷虚拟的网络世界。一般来说，孩子短时间不接触网络就会想，但如果有东西替代，即使很长时间不玩，也不会想了。

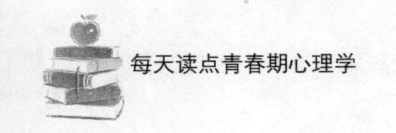

参考文献

[1]高奉益,李正我.如何引导,青春期孩子才会听[M].广州:广东人民出版社,2013.

[2]王莉.青春期孩子的正面管教[M].吉林:北方妇女儿童出版社,2015.

[3]张丽珊,郭子轩.青春期不迷茫[M].北京:中国妇女出版社,2015.

[4]田科武.嗨!青春期[M].北京:高等教育出版社,2015.

[5]关承华.别和青春期的孩子较劲[M].北京:中国青年出版社,2016.